电工电子工艺实训简明教程

主　编　顾　涵　夏金威
副主编　张惠国　吴晶晶　叶昌昌

苏州大学出版社
Soochow University Press

图书在版编目(CIP)数据

电工电子工艺实训简明教程 / 顾涵,夏金威主编
. -- 苏州:苏州大学出版社,2023.11
ISBN 978-7-5672-4612-6

Ⅰ.①电… Ⅱ.①顾… ②夏… Ⅲ.①电工技术－教材②电子技术－教材 Ⅳ.①TM②TN

中国国家版本馆 CIP 数据核字(2023)第 225688 号

书　　名:	电工电子工艺实训简明教程
主　　编:	顾　涵　夏金威
责任编辑:	吴昌兴
装帧设计:	吴　钰
出版发行:	苏州大学出版社（Soochow University Press）
社　　址:	苏州市十梓街1号　邮编:215006
印　　装:	镇江文苑制版印刷有限责任公司
邮购热线:	0512-67480030
销售热线:	0512-67481020
网店地址:	https://szdxcbs.tmall.com/（天猫旗舰店）
开　　本:	718 mm×1 000 mm　1/16　印张:11.25　字数:190 千
版　　次:	2023 年 11 月第 1 版
印　　次:	2023 年 11 月第 1 次印刷
书　　号:	ISBN 978-7-5672-4612-6
定　　价:	39.00 元

图书若有印装错误,本社负责调换
苏州大学出版社营销部　电话:0512-67481020
苏州大学出版社网址　http://www.sudapress.com
苏州大学出版社邮箱　sdcbs@suda.edu.cn

前　言

电工电子工艺实训是应用型本科院校电子信息类及其相关专业的重要实践课程之一。通过本课程的学习与实践，学生可以掌握常用电工、电子仪表的使用方法，电工技术中电动机及灯光控制线路设计方法，认识电子产品在生产过程中的装配工艺，合理编写产品技术文件，并在生产实践中提高工艺管理、质量控制能力，为今后的学习和工作打下良好的基础。

本教程的内容是根据电子信息类及其他相关专业的工作任务而设置的，属于课程体系中的工程技术型。本教程以实训任务为主线来组织课程，将完成任务必需的相关理论知识构建于具体实训内容之中，学生在完成具体实训项目的过程中学会完成相应的工作任务，训练职业技能，掌握相应的理论知识。

本教程共 5 章，分属 2 个大部分，既可以独立使用，也可以合并使用。第一部分为电工技能实训指导（包括：电工工艺实训考核装置、电工工艺实训实验项目及 PLC 控制实训项目），第二部分为电子工艺实训指导（包括：电子设备装接技术、SMT 及其应用）。在编写过程中，编写团队认真研究了现阶段学生的知识体系和能力内涵，正确认识应用型人才培养的知识与能力结构，注重培养学生掌握必备的基本理论、专门知识和实际工程的基本技能，坚持理论以够用为度，知识、技能和方法以理解、掌握、初步运用为度的编写原则。

本教程可作为电子信息类及相关专业的实训教材，也可作为非电类相关课程的实践教学参考书。

本教程由常熟理工学院顾涵、夏金威老师担任主编，张惠国、吴晶晶老师及浙江华孜智能科技有限公司叶昌昌工程师担任副主编。其中顾涵、夏金威老师及叶昌昌工程师编写了第 1 至 3 章，张惠国、吴晶晶编写了第 4 至 5 章，全书由顾涵负责统稿工作。

本教程部分内容参考浙江华孜智能科技有限公司自编的 BR-201B

中级维修电工实训考核装置实训指导书和其他资料，有些原作者无法一一查证和联系，对此深表歉意和感谢！

  由于编者水平和经验有限，书中难免有疏漏和不妥之处，敬请广大读者和专家批评指正。

编　者

2023 年 4 月

目 录

第1章 电工工艺实训考核装置
1.1 网孔板 ………………………………………………………… 002
1.2 实验桌及实验台 ……………………………………………… 002
1.3 电源控制屏及其组件部分 …………………………………… 003
1.4 安装要求 ……………………………………………………… 004
1.5 安装质量检验 ………………………………………………… 004

第2章 电工工艺实训实验项目
2.1 三相异步电动机直接启动控制线路 ………………………… 006
2.2 三相异步电动机接触器点动控制线路 ……………………… 006
2.3 三相异步电动机接触器自锁控制线路 ……………………… 007
2.4 三相异步电动机定子串电阻降压启动手动控制线路 ……… 008
2.5 三相异步电动机定子串电阻降压启动自动控制线路 ……… 009
2.6 Y-△启动自动控制线路 ……………………………………… 010
2.7 用倒顺开关的三相异步电动机正反转控制线路 …………… 012
2.8 接触器联锁的三相异步电动机正反转控制线路 …………… 013
2.9 按钮联锁的三相异步电动机接触器正反转控制线路 ……… 015
2.10 双重联锁的三相异步电动机正反转控制线路 ……………… 016
2.11 三相异步电动机单向降压启动及反接制动控制线路 ……… 017
2.12 三相异步电动机能耗制动控制线路 ………………………… 019
2.13 三相异步电动机的顺序控制线路 …………………………… 020
2.14 三相异步电动机的多地控制线路 …………………………… 021
2.15 三相异步电动机正反转点动启动控制线路 ………………… 022

2.16 工作台自动往返控制线路 ………………………………… 023
2.17 带有点动的自动往返控制线路 …………………………… 025
2.18 X62W 型万能铣床主轴与进给电动机的联动控制线路
　　 ……………………………………………………………… 026
2.19 C620 型车床控制线路 …………………………………… 027
2.20 电动葫芦控制线路 ………………………………………… 029
2.21 CA6140 车床控制线路 …………………………………… 030
2.22 日光灯控制线路 …………………………………………… 031

第3章　PLC 控制实训项目

3.1 可编程控制器的基本指令编程练习 ……………………… 034
3.2 装配流水线控制的模拟 …………………………………… 037
3.3 三相异步电动机的星/三角换接启动控制 ………………… 039
3.4 LED 数码显示控制 ………………………………………… 041
3.5 五相步进电动机控制的模拟 ……………………………… 043
3.6 十字路口交通灯控制的模拟 ……………………………… 044
3.7 液体混合装置控制的模拟 ………………………………… 046
3.8 电梯控制系统的模拟 ……………………………………… 048
3.9 机械手动作的模拟 ………………………………………… 053
3.10 四节传送带的模拟 ………………………………………… 055
3.11 两台 PLC 的通信 ………………………………………… 057
3.12 多台 PLC 的通信 ………………………………………… 060
3.13 混料罐控制实验 …………………………………………… 061
3.14 传输线控制实验 …………………………………………… 063
3.15 小车自动选向、定位控制实验 …………………………… 064
3.16 刀具库管理控制实验 ……………………………………… 066

第4章　电子设备装接技术

4.1 电子元件的识别与测试 …………………………………… 070
　　4.1.1 电阻器、电容器、电感器识别与测试训练 ……… 070

4.1.2　半导体器件的识别与测试训练 ·················· 081
4.2　电子焊接基本操作 ····································· 088
4.3　常用电子仪器仪表的使用 ······························ 097
　　4.3.1　直流稳压电源的使用 ···························· 097
　　4.3.2　函数信号发生器的使用 ·························· 100
　　4.3.3　交流毫伏表的使用 ······························ 104
　　4.3.4　示波器的使用 ·································· 108
4.4　功能电路装配综合训练 ································ 119
　　4.4.1　稳压电源 ······································ 119
　　4.4.2　场扫描电路 ···································· 124
　　4.4.3　三位半 A/D 转换器 ······························ 128
　　4.4.4　OTL 功放 ······································ 132
　　4.4.5　PWM 脉宽调制器 ································ 137
　　4.4.6　数字频率计 ···································· 142
　　4.4.7　交流电压平均值转换器 ·························· 146
　　4.4.8　可编程控制器 ·································· 152

第 5 章　SMT 及其应用

5.1　电子工艺简况 ·· 158
　　5.1.1　电子工艺实训的教学现状 ························ 158
　　5.1.2　SMT 简介 ······································ 159
　　5.1.3　SMT 的发展趋势 ································ 160
5.2　电子工艺实训中 SMT 的重要性分析 ····················· 160
　　5.2.1　SMT 的应用领域及电子行业发展现状 ·············· 160
　　5.2.2　SMT 的调研分析结论 ···························· 160
5.3　SMT 实训基本要素 ···································· 162
　　5.3.1　指导思想 ······································ 162
　　5.3.2　SMT 实验产品 ·································· 162
　　5.3.3　SMT 实训操作 ·································· 164

5.4 SMT 教学模块简介 ………………………………………… 166
 5.4.1 SMT 实训内容 ……………………………………… 166
 5.4.2 SMT 实训要求 ……………………………………… 170
 5.4.3 SMT 生产要素 ……………………………………… 170
 5.4.4 SMT 实训学时安排 ………………………………… 170
 5.4.5 SMT 实训模式及考核办法 ………………………… 171

参考文献 …………………………………………………………… 172

第 1 章

电工工艺实训考核装置

中级维修电工实训考核装置吸收了国内外先进教学仪器的优点,充分考虑了实验室的现状和未来的发展趋势。该实验装置从性能和结构上进行了创新,布局合理,使用方便灵活,对实验中所涉及的电源、仪器仪表采取可靠保护,同时设置了可靠的人身安全保护体系,并装有实训操作网板,网板采用活动结构,可取下并在其上安装、布线调试,使用方便、安全可靠,能满足学生对电器安装、接线工艺、电路分析和熟悉机械电气控制线路实验、故障分析等技能训练的需要,适用于各大中专院校实验实训室的建设。

1.1　网孔板

本装置网孔板（图1.1.1）材质为1.5 mm厚的工业不锈钢板，外形尺寸为720 mm（W）×500 mm（H）×30 mm（D），孔数为3 000个左右，单孔尺寸为10 mm（H）×5 mm（W），绝对间距为3 mm，采用高精度大型数控冲床单模头挖冲而成。此设备加工精度极高，行程偏差范围为±0.02 mm/m，保证了不锈钢板在加工中的精度与美观要求。

对吸螺丝能牢固、快捷地将元器件安装在网孔板上，科学的孔距能保证各种元器件安装在任意位置，满足各类教学标准配盘。额定垂直载荷为25 kg。

实验实训屏为不锈钢网孔板，牢固耐用；架构采用钢质框架，插槽式安装，安装更快捷、方便，并能保证快速装卸。网孔板的网孔符合国际电器元件的安装标准，不采用实验性的接插件，完全具备实训特点。

图1.1.1　网孔板

1.2　实验桌及实验台

实验桌采用1.2 mm壁厚的优质铝合金结构，模具化加工，金属表面经酸洗、磷化等化学防锈处理后通过高压静电均匀喷涂环氧树脂粉末（90 μm），具有耐高温、抗腐蚀性能。实验桌装有四个万向调节轮及刹车系统。实验台为高密度防火板，具有耐磨、防火性能好的特点，适用于科研和教学工作，有多种颜色可供选择。

第1章 电工工艺实训考核装置

1.3 电源控制屏及其组件部分

电源控制屏采用铝底板,进口油墨丝印,清晰耐用,布局美观,操作简单,提供380 V插座(带PE接地)、220 V六路插座,供外接设备使用,并配有专用钥匙开关,学生须在老师的许可下才能使用,禁止随意通电等非法操作。电源采用多重保护措施,含漏电保护器、钥匙开关、急停开关,提高了实验台的安全性。

该实训装置具有完备的安全保护装置,最大限度地确保学生在电气实训中安全用电,具体措施如下。

① 设备电源采用TN-S系统,尽最大可能突出用电保护环节。

a. 设有三相4P剩余电流动作保护器配合,对单相电源、三相电源、负载提供安全的漏电、过压、过流、短路等保护,漏电保护动作电流不超过30 mA,动作分断时间小于30 ms,能保障学生的人身安全,防止电流泄漏造成事故的发生;

b. 具有欠压保护,当系统电压低于额定电压的65%时,装置自动切断主电源,具备重复来电分断自锁功能;

c. 主电源采用钥匙开关与剩余电流动作保护器双重控制,可有效防止学生乱送电,方便教师管理,保护学生安全。

② 设备设有两组可调直流开关电源DC 0~30 V,具备短路保护自动恢复功能,LED过载指示。

③ 选用元器件均采用中国强制性产品认证(CCC)产品,连接元器件与实训课题元器件采用新型安全型元器件。

④ 控制面板人机界面标示清楚,区域划分科学合理,便于学生实训,并设有电源指示灯,可清楚地提醒设备使用人员电源通断情况。

⑤ 设有急停自锁装置,在紧急状况下能迅速分断设备总电源。

⑥ 整个装置均为等电位连接地线(PE)保护。

⑦ 装置电源箱的电源插座均为符合欧洲国家电气安全标准的插座,耐压可达1 000 V,科学的高电位隐蔽结构具有带电防触功能。

⑧ 测试线采用国际实训室、实验室通用的叠插头接线连接,能防止学生在实训过程中发生触电危险。

⑨ 工作区可敷设绝缘等级在1 kV以上的工业级绝缘橡胶垫,防划伤,抗腐蚀,保证长时间使用。

参数如下：

① 外形尺寸：1 600 mm×650 mm×1 600 mm。

② 工作电源：交流三相五线制，AC380 V（±10％），50 Hz。

③ 输入功率：小于1.5 kW。

1.4 安装要求

（1）建议连接导线采用规定的颜色

① 接地保护导线（PE）采用黄绿双色线；

② 动力电路的中线（N）采用浅蓝色；

③ 交流和直流动力电路采用黑色；

④ 交流控制电路采用红色；

⑤ 直流控制电路采用蓝色。

（2）布线

导线的绝缘和耐压要符合电路要求，每一根连接导线在接近端子处的线头上必须套上标有线号的套管；布线时，走线横平竖直、整齐、合理，接点不得松动，不得承受拉力，接地线和其他导线接头同样应套上标有线号的套管。

（3）指示灯及按钮的颜色

① 指示灯颜色的含义：

红色表示运行、危险或报警；

绿色表示安全。

② 按钮颜色的用法：

红色表示"停止"或"断开"；

绿色表示"启动"。

1.5 安装质量检验

① 再次检查各个接线端子是否连接牢固。线头上的线号是否与电路原理图相符，绝缘导线是否符合规定，保护导线是否已可靠连接。

② 短接主电路、控制电路，用500 V兆欧表测量保护接地电路导线之间的绝缘电阻应不小于2 MΩ。

第 2 章

电工工艺实训实验项目

2.1 三相异步电动机直接启动控制线路

1. 实验线路图

三相异步电动机直接启动控制线路如图 2.1.1 所示。

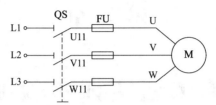

图 2.1.1 三相异步电动机直接启动控制线路

2. 实验过程

该图线路简单、元件少，低压断路器中装有用于过载保护的电路，熔断器主要用作短路保护。因此，该线路对于容量较小、启动不频繁的电动机来说，是经济方便的启动控制方法。

3. 检测与调试

确认安装牢固、接线无误后，先接通三相总电源，再合上 QS 开关，电动机应正常启动和平稳运转。若熔丝熔断（可看到熔心顶盖弹出）则应断开电源，检查分析并排除故障后才能重新合上电源。

2.2 三相异步电动机接触器点动控制线路

1. 实验线路图

三相异步电动机接触器点动控制线路如图 2.2.1 所示。

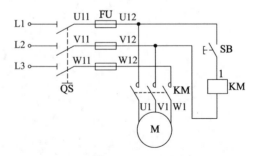

图 2.2.1 三相异步电动机接触器点动控制线路

2. 实验过程

该电路可分成主电路和控制电路两部分。主电路由电源 L1、L2、L3、开关 QS、熔断器 FU、接触器触点 KM 和电动机 M 组成。控制电路由按钮 SB 和接触器线圈 KM 组成。

当合上电源开关 QS 时，电动机是不会启动运转的，因为这时接触器 KM 的线圈未通电，它的主触点处在断开状态，电动机 M 的定子绕组上没有电压。若要使电动机 M 转动，只要按下按钮 SB，使线圈 KM 通电，主电路中的主触点 KM 闭合，电动机 M 即可启动。但当松开按钮 SB 时，线圈 KM 即失电，而使主触点分开，切断电动机 M 的电源，电动机即停转。这种只有当按下按钮电动机才会运转，松开按钮即停转的线路，称为点动控制线路。

3. 检测与调试

检查接线无误后，接通交流电源，合上开关 QS，此时电动机不转，按下按钮 SB，电动机即可启动，松开按钮电动机即停转。若出现电动机不能点动控制或熔丝熔断等故障，则应断开电源，排除故障后，使控制线路正常工作。

2.3 三相异步电动机接触器自锁控制线路

1. 实验线路图

三相异步电动机接触器自锁控制线路如图 2.3.1 所示。

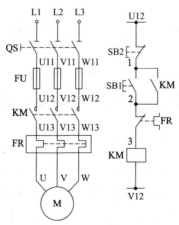

图 2.3.1 三相异步电动机接触器自锁控制线路

2. 实验过程

该线路与点动控制线路的不同之处在于，控制电路中增加了停止按钮 SB2，在启动按钮 SB1 的两端并联一对接触器 KM 的常开触点。

线路的动作过程：当按下启动按钮 SB1，线圈 KM 通电，主触点闭合，电动机 M 启动旋转。当松开按钮时，电动机 M 不会停转，因为这时接触器线圈 KM 可以通过并联在 SB1 两端已闭合的辅助触点 KM 继续维持通电，保证主触点 KM 仍处在接通状态，电动机 M 就不会失电，也就不会停转。这种松开按钮仍能自行保持线圈通电的控制线路叫作具有自锁（或自保）的接触器控制线路，简称自锁控制线路。与 SB1 并联的这一对常开辅助触点 KM 叫作自锁（或自保）触点。

3. 检测与调试

确认接线正确后，接通交流电源 L1、L2、L3 并闭合开关 QS，按下 SB1，电动机应启动并连续转动，按下 SB2，电动机应停转。若按下 SB1 电动机启动运转后，电源电压降到 320 V 以下或电源断电，则接触器 KM 的主触点会断开，电动机停转。再次恢复电压为 380 V（允许±10%波动），电动机应不会自行启动——接触器具有欠压或失压保护。

如果电动机转轴卡住而接通交流电流，则在几秒内热继电器应动作，断开加在电动机上的交流电源（注意不能超过 10 s，否则电动机过热会冒烟导致损坏）。

2.4 三相异步电动机定子串电阻降压启动手动控制线路

1. 实验线路图

三相异步电动机定子串电阻降压启动手动控制线路如图 2.4.1 所示。

2. 实验过程

合上电源开关 QS1，由于定子绕组中串联电阻，起降压作用，这时加到电动机定子绕组上的电压不是额定电压，这样就限制了启动电流。随着电动机的启动，转速提高。当电动机转速接近额定转速时，立即合上 QS2，将电阻 R 短接，定子绕组上的电压便上升到额定工作电压

（全压）运行，使电动机处于正常运转状态。

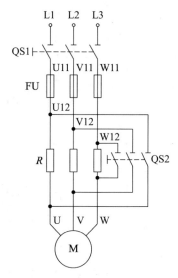

图 2.4.1　三相异步电动机定子串电阻降压启动手动控制线路

3. 检测与调试

确认接线正确后，先把开关 QS1、QS2 置于断开位置，接通交流电源，合上开关 QS1，电动机降压启动，观察启动电流冲击值，电动机启动转速升高后，闭合开关 QS2，将电阻 R 短接。然后停机，QS2 仍在"合"位置，闭合 QS1 使电动机全压直接启动，观察电流表指示的冲击值，以作比较。

若操作中有不正常现象，应停机并分析原因，排除故障后才可接通电源，使电动机正常工作。

2.5　三相异步电动机定子串电阻降压启动自动控制线路

1. 实验线路图

三相异步电动机定子串电阻降压启动自动控制线路如图 2.5.1 所示。

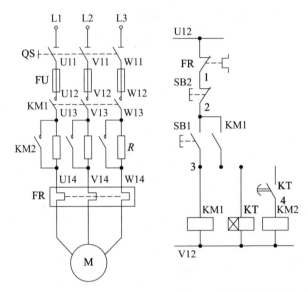

图 2.5.1 三相异步电动机定子串电阻降压启动自动控制线路

2. 实验过程

合上电源开关 QS，按下启动按钮 SB1，接触器 KM1 与时间继电器 KT 的线圈同时通电，KM1 主触点闭合。由于 KM2 线圈的回路中串有时间继电器 KT 延时闭合的动合触点而不能吸合，这时电动机定子绕组中串有电阻 R，进行降压启动，电动机的转速逐步提高，当时间继电器 KT 达到预先整定的时间后，其延时闭合的动合触点闭合，KM2 吸合，主触点闭合，将启动电阻 R 短接，电动机便处于额定电压下全压运转。通常 KT 的延时时间为 4~8 s。

3. 检测与调试

确认接线正确后，闭合 QS，按下 SB1，控制线路及电动机应能正常工作，若不正常工作，应断开电源并分析原因，排除故障后才能闭合电源重新操作。

2.6　Y-△启动自动控制线路

1. 实验线路图

Y-△启动自动控制线路如图 2.6.1 所示。

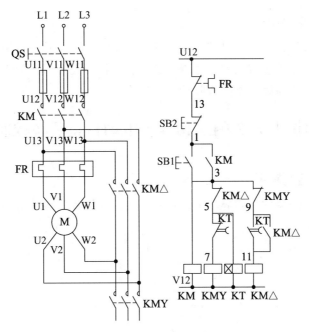

图 2.6.1 Y-△启动自动控制线路

2. 实验过程

控制线路（图 2.6.2）的动作过程是：

合上电源开关 QS，按下启动按钮 SB1，控制线路接通，由 KT、KM、KMY 组成的 Y 形启动控制回路接通。根据 KT 定时数，电动机 Y 形运行方式运行定时时间后，Y 形控制回路断开，自动切换成 KM、KT、KMY 及 KM△ 组成的 △ 形启动控制回路接通，电动机以 △ 形方式运行。

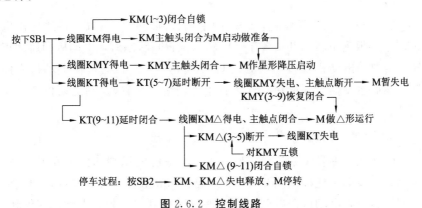

图 2.6.2 控制线路

3. 检测与调试

确认接线正确后，可接通交流电源，合上开关 QS，按下 SB1，控制线路的动作过程应按实验过程所述，若操作中发现不正常现象，应断开电源，分析原因并排除故障后重新操作。

2.7 用倒顺开关的三相异步电动机正反转控制线路

1. 实验线路图

用倒顺开关的三相异步电动机正反转控制线路如图 2.7.1 所示。

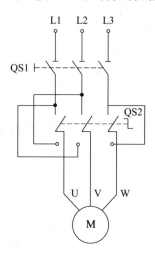

图 2.7.1 用倒顺开关的三相异步电动机正反转控制线路

2. 实验过程

将 QS1 置于断开位置，QS2 的手柄扳到"停"位置。接通交流电源，QS2 扳到正转（开关置于"顺转"位置）状态时，电动机即启动正转，若要使电动机反转，则应把 QS2 扳到"停"位置，使电动机先停转，然后将手柄扳到反转（开关置于"倒转"位置），则电动机应启动反转。

3. 检测与调试

QS1 为断路器分别连接 L1、L2、L3 三相电源端和倒顺开关 QS2，电动机接线端子连接倒顺开关 QS2，连线确认无误后接通电源，把 QS2 打到正转挡，电动机即启动正转，把 QS2 打到停转挡，电动机即停转，把 QS2 打到反转挡，电动机即反转。若操作中发现不正常现象，应断开电源，分析原因并排除故障后重新操作。

2.8 接触器联锁的三相异步电动机正反转控制线路

1. 实验线路图

接触器联锁的三相异步电动机正反转控制线路如图 2.8.1 所示。

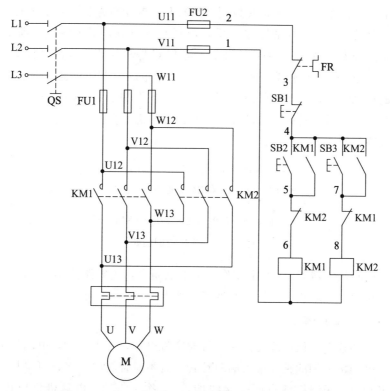

图 2.8.1 接触器联锁的三相异步电动机正反转控制线路

2. 实验过程

控制线路的动作过程如下：

① 正转控制。合上电源开关 QS，按下正转启动按钮 SB2，正转控制回路接通，如图 2.8.2 所示。

图 2.8.2　正转控制线路

接触器 KM1 的线圈通电动作，主触点闭合，主电路按 U1、V1、W1 相序接通，电动机正转。

② 反转控制。要使电动机改变转向（由正转变为反转）时，应先按下停止按钮 SB1，使正转控制电路断开，电动机停转，然后才能使电动机反转。这样操作的原因是反转控制回路中串联了正转接触器 KM1 的常闭触点。当 KM1 通电工作时，该触点是断开的，若这时直接按下反转按钮 SB3，反转接触器 KM2 是无法通电的，电动机也就得不到电，故电动机仍然处在正转状态，不会反转。当先按下停止按钮 SB1，使电动机停转以后，再按下反转按钮 SB3，电动机才会反转。这时，反转控制线路如图 2.8.3 所示。

图 2.8.3　反转控制线路

反转接触器 KM2 通电动作，主触点闭合，主电路按 W1、V1、U1 相序接通，电动机电源相序改变了，故电动机做反向旋转。

3. 检测与调试

仔细检查确认接线无误后，接通交流电源，按下 SB2，电动机应正转（电动机右侧的轴伸端为顺时针转，若不符合转向要求，可停机，换接电动机定子绕组任意两个接线即可）。按下 SB3，电动机仍应正转。如要电动机反转，应先按 SB1，使电动机停转，然后再按 SB3，则电动机反转。若不能正常工作，则应分析原因并排除故障，使控制线路正常工作。

2.9 按钮联锁的三相异步电动机接触器正反转控制线路

1. 实验线路图

按钮联锁的三相异步电动机接触器正反转控制线路如图 2.9.1 所示。

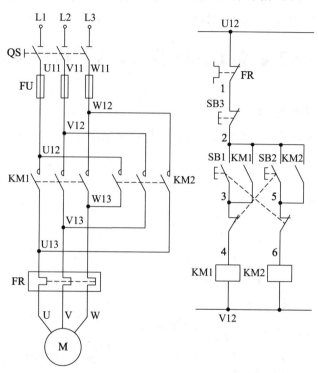

图 2.9.1 按钮联锁的三相异步电动机接触器正反转控制线路

2. 实验过程

该线路的动作过程基本上与实验 2.8 相似。它的优点是，当需要改变电动机的转向时，只要直接按反转按钮即可，不必先按停止按钮。这是因为，当电动机已按正转方向运转时，线圈是通电的。这时，如果按下按钮 SB2，串在 KM1 线圈回路中的常闭触点首先断开，将 KM1 线圈回路断开，相当于按下停止按钮 SB3，使电动机停转，随后 SB2 的常开触点闭合，接通线圈 KM2 的回路，使电源相序相反，电动机即反向旋转。同样，当电动机已做反向旋转时，若按下 SB1，电动机先停转后正转。该线路是利用按钮动作时，常闭触点先断开、常开触点后闭合的特点来保证 KM1 与 KM2 不会同时通电，由此来实现电动机正反转的联锁控制。

3. 检测与调试

确认接线正确后，接通交流电源，按下 SB1，电动机应正转；按下 SB2，电动机应反转；按下 SB3，电动机应停转。若不能正常工作，则应分析原因并排除故障，使控制线路正常工作。

2.10 双重联锁的三相异步电动机正反转控制线路

1. 实验线路图

双重联锁的三相异步电动机正反转控制线路如图 2.10.1 所示。

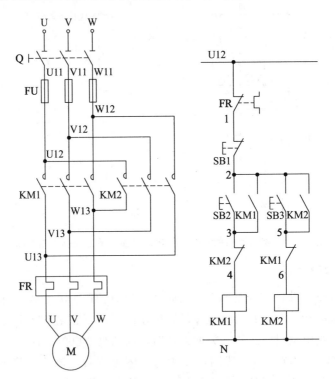

图 2.10.1 双重联锁的三相异步电动机正反转控制线路

2. 实验过程

把实验 2.8 和实验 2.9 电路的优点结合起来就构成了双重联锁的正

反转控制线路。本实验实际上就是在按钮联锁的基础上，增加了接触器联锁。这种线路操作方便，安全可靠，应用非常广泛。其工作原理可自行分析。

3. 检测与调试

确认接线牢固和无误后，按下 SB2，电动机应正转；按下 SB1，电动机应停转；按下 SB3，电动机应反转；松开 SB3，再按下 SB2，电动机应从反转状态变为正转状态。若控制线路不能正常工作，则应分析原因并排除故障后才能重新操作。

2.11 三相异步电动机单向降压启动及反接制动控制线路

1. 实验线路图

三相异步电动机单向降压启动及反接制动控制线路如图 2.11.1 所示。

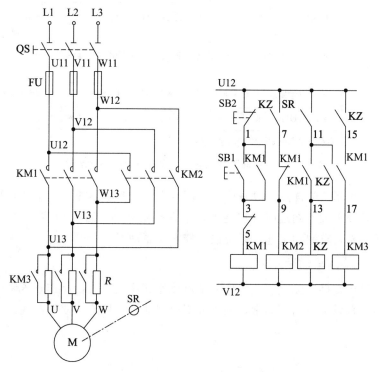

图 2.11.1 三相异步电动机单向降压启动及反接制动控制线路

2. 实验过程

KM1 为正转运行接触器，KM2 为反接制动接触器，用点划线和电动机 M 相连的 SR，表示速度继电器 SR 与 M 同轴（注：速度继电器请用电动机上的离心开关代替）。其动作过程如图 2.11.2 所示。

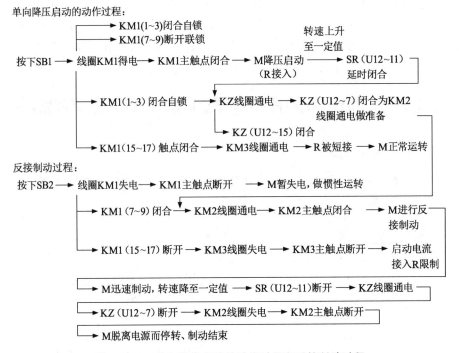

图 2.11.2　单向降压启动的动作过程和反接制动过程

反接制动的优点是设备简单，调整方便，制动迅速，价格低；缺点是制动冲击大，制动能量损耗大，不宜频繁制动，且制动准确度不高。它适用于要求制动迅速、系统惯性较大、制动不频繁的场合。

3. 检测与调试

经检查接线无误后，操作人员可接通交流电源自行操作，若动作过程不符合要求或出现异常，则应分析原因并排除故障，使控制线路正常工作。

2.12 三相异步电动机能耗制动控制线路

1. 实验线路图

三相异步电动机能耗制动控制线路如图 2.12.1 所示。

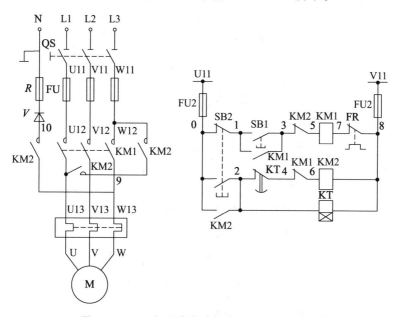

图 2.12.1 三相异步电动机能耗制动控制线路

2. 实验过程

该控制线路适用于功率在 10 kW 以下的电动机，可以采用半波整流能耗制动自动控制电路。这种线路结构简单，附加设备较少，体积小，采用一只二极管半波整流器作为直流电源。（注：请用整流桥的一臂代替）

3. 检测与调试

经检查安装牢固且接线无误后，操作人员可接通交流电源自行操作，若出现异常，则应分析原因并排除故障使之正常工作。

2.13 三相异步电动机的顺序控制线路

1. 实验线路图

三相异步电动机的顺序控制线路如图 2.13.1 所示，控制线路如图 2.13.2 所示。

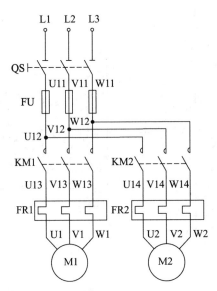

图 2.13.1　三相异步电动机的顺序控制线路

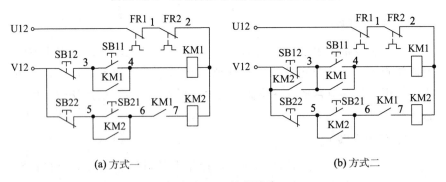

(a) 方式一　　　　　　　　　　　　(b) 方式二

图 2.13.2　控制线路

2. 实验过程

在图 2.13.2（a）中，接触器 KM1 的另一常开触点（线号为 6、7）串联在接触器 KM2 线圈的控制电路中，当按下 SB11 使电动机 M1 启动运转，再按下 SB21，电动机 M2 才会启动运转；若要停转 M2 电动机，则只要按下 SB22；若要 M1、M2 都停机，则只要按下 SB12 即可。

图 2.13.2（b）所示线路也为顺序控制线路，启动顺序控制与前述相同，但它的停止是有特点的。由于在 SB12 停止按钮两端并联着一个接触器 KM2 的常开辅助触点，所以只有先使接触器 KM2 线圈失电，即电动机 M2 停止，同时 KM2 常开辅助触点断开，然后才能按下 SB12 达到断开接触器 KM1 线圈电源的目的，使电动机 M1 停止。这种顺序控制线路的特点是使两台电动机依次顺序启动，而逆序停止。

3. 检测与调试

经检查安装牢固且接线无误后，操作人员可自行通电操作。若出现故障，应分析原因并排除使之正常工作。

2.14 三相异步电动机的多地控制线路

1. 实验线路图

三相异步电动机的多地控制线路如图 2.14.1 所示。

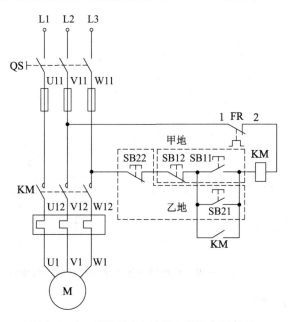

图 2.14.1 三相异步电动机的多地控制线路

2. 实验过程

SB11 和 SB12 分别为甲地的启动和停止按钮；SB21 和 SB22 分别为乙地的启动和停止按钮。它们可以在两个不同地点上，控制接触器 KM 的接通和断开，进而实现两地控制同一电动机启停的目的。

3. 检测与调试

经检查接线无误后，接通交流电源并进行操作。若操作中出现异常，则应分析原因并排除故障。

2.15　三相异步电动机正反转点动启动控制线路

1. 实验线路图

三相异步电动机正反转点动启动控制线路如图 2.15.1 所示。

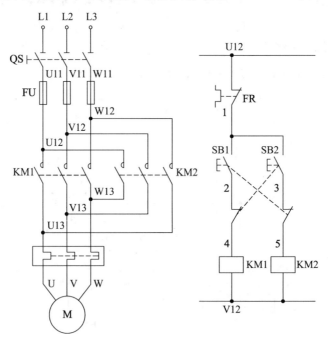

图 2.15.1　三相异步电动机正反转点动启动控制线路

2. 实验过程

该线路图中，用两个按钮 SB1、SB2 可实现正反转的点动控制。即按下 SB1，正转线圈 KM1 得电，KM1 主触点闭合，实现三相电动机的正向转动，同时为 SB1 的联锁触点切断了反转电路，保证电路的安全可靠，松开 SB1，电动机停止转动，实现点动控制。

需要反转时，按下 SB2，反转线圈 KM2 得电，KM2 主触点闭合，三相电动机反向转动；松开 SB2，电动机停止反转，实现反转控制。

3. 检测与调试

经检查接线无误后，接通交流电源并进行操作。若操作中出现异常，则应分析原因并排除故障。

2.16 工作台自动往返控制线路

1. 实验线路图

工作台自动往返控制线路如图 2.16.1 所示。

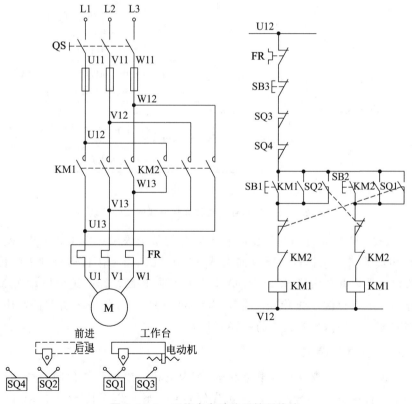

图 2.16.1 工作台自动往返控制线路

2. 实验过程

图 2.16.1 中 SQ1 和 SQ2 装在机床床身上，用来控制工作台自动往返，SQ3 和 SQ4 用作终端保护，即限制工作台的极限位置；在工作台的梯形槽中装有挡块，当挡块碰撞行程开关后，工作台停止移动并换向，工作台就能实现往返运动。工作台行程可通过移动挡块位置来调节，以满足不同工件的加工需求。

工作台自动往返控制线路的工作原理如图 2.16.2 所示。

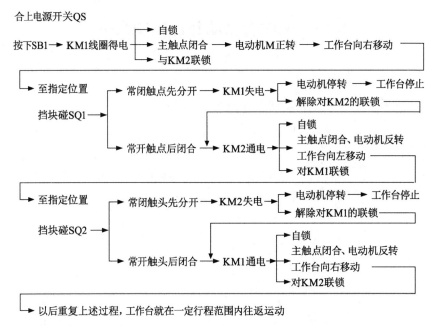

图 2.16.2　工作台自动往返控制线的工作原理

SQ3 和 SQ4 分别安装在向右或向左的某个极限位置上。如果 SQ1 或 SQ2 失灵，工作台会继续向右或向左运动。当工作台运行到极限位置时，挡块就会碰撞 SQ3 和 SQ4，从而切断控制线路，迫使电动机 M 停转，工作台就停止移动。这里 SQ3 和 SQ4 实际上起终端保护作用，因此称为终端保护开关，简称终端开关。

3. 检测与调试

按下 SB1，观察并调整电动机 M 为正转（模拟工作台向右移动），用手代替挡块按压 SQ1，电动机先停转再反转，即可使 SQ1 自动复位（反转模拟工作台向左移动）；用手代替接触点按压 SQ2 再使其自动复位，则电动机先停转再正转。重复上述过程，电动机都能正常正反转。若拨动 SQ3 或 SQ4 极限位置开关，则电动机应停转。若不符合上述控制要求，则应分析原因并排除故障。

2.17　带有点动的自动往返控制线路

1. 实验线路图

带有点动的自动往返控制线路如图 2.17.1 所示。

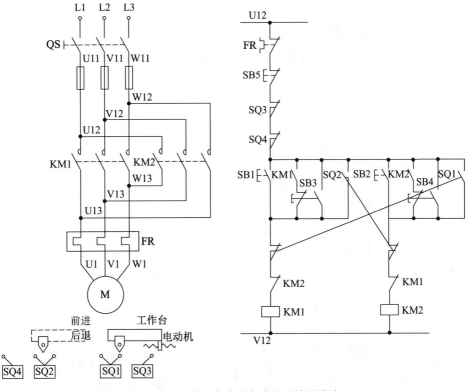

图 2.17.1　带有点动的自动往返控制线路

2. 实验过程

在实验 2.16 的基础上，本实验增加了点动功能。往复运动的工作原理与实验 2.16 相同。

点动功能原理：按下 SB3，其常闭触点断开，切断 KM1 的自保触点，但是其常开触点闭合，同样使 KM1 线圈得电，实现正向点动控制。同理，按下 SB4，其常闭触点断开，切断 KM2 的自保触点，但是其常开触点闭合，同样使 KM2 线圈得电，实现反向点动控制。

3. 检测与调试

本实验既有点动控制又有自动控制，认真按照图示接线，按动每一个实验按钮，实现相应的功能。若出现异常现象，应马上断开电源，检查接线，分析原因，排除故障通电实验。

2.18 X62W 型万能铣床主轴与进给电动机的联动控制线路

1. 实验线路图

X62W 型万能铣床主轴与进给电动机的联动控制线路如图 2.18.1 所示。

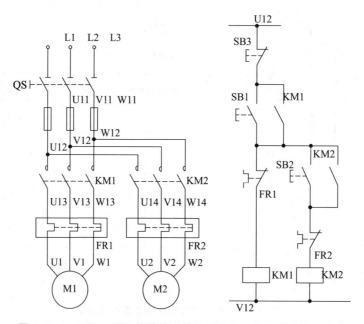

图 2.18.1 X62W 型万能铣床主轴与进给电动机的联动控制线路

2. 实验过程

M1 是主轴电动机，M2 是进给电动机。该线路的特点是，进给电动机 M2 控制电路与接触器 KM1 的常开辅助触点串联。这就保证了只有当 M1 启动后，M2 才能启动。而且，如果由于过载或失压等原因使

KM1 失电，M1 停转，M2 也立即停转，这就实现了两台电动机的顺序和联锁控制。

控制线路的工作原理：合上 QS，按下启动按钮 SB1，接触器 KM1 线圈通电，主触点 KM1 闭合，电动机 M1 启动运转。与此同时，常开辅助触点 KM1 闭合自锁。然后按下启动按钮 SB2，接触器 KM2 线圈通电，主触点 KM2 闭合，电动机 M2 启动运转。同时，常开辅助触点 KM2 闭合自锁。

停车时，只需按动停止按钮 SB3，两台电动机会同时停止。

如果预先不按 SB1，线圈不通电，常开辅助触点 KM1 不闭合，这时即使按下 SB2，线圈 KM2 也不会通电，所以电动机 M2 既不能先于 M1 启动，也不能单独停止。两个热继电器常闭触点 FR1 和 FR2 分别串接在两个控制电路中，发生过载现象，均可使两台电动机断电，得到过载保护。

3. 检测与调试

经检查接线无误后，接通交流电源并进行操作。若操作中出现异常，则应分析原因并排除故障。

2.19　C620 型车床控制线路

1. 实验线路图

C620 型车床控制线路如图 2.19.1 所示。

2. 实验过程

合上电源开关 QS1，将元器件安装好以后，按下启动按钮 SB2，这时控制电路通电，通电回路是 U11－FU1－SB1－SB2－KM－FR1－FR2－FU2－V11。接触器 KM 的线圈通电，铁芯吸合，主回路中接触器 KM 的三个常开触点合上，主电动机 M1 得到三相交流电并启动运转，同时接触器 KM 的常开辅助触点也合上，对控制回路进行自锁，保证启动按钮 SB2 松开时，接触器 KM 的线圈仍然通电。若加工时需要冷却，则拨动开关 QS2，让冷却泵电动机 M2 通电运转，带动冷却泵供应冷却液。

要求停车时，按下停止按钮 SB1，使控制回路失电，接触器 KM 跳开，使主电路断开，电动机停止转动。若两台电动机有一台长期过载，则串联在主电路中的热继电器发热元件将过热而使双金属片弯曲,通过机械杠杆推开串联在控制回路中的常闭触点,使控制电路断电,接触器KM 断电释放,主回路失电,电动机停止转动,通过机械制动装置将主轴制动。若要再次启动电动机,只有在排除过载原因后才允许。但必须将热继电器复位,人工按下热继电器上的复位按钮即可。有的热继电器是自动复位的,可以不必人工复位。另外,电源电压太低,使电动机输出转矩下降很多,拖不动负载而造成闷车事故,使电动机烧毁。接触器本身具有失压和欠压保护功能,当电压低于额定电压的80%时,接触器线圈的电磁吸力将克服不了铁芯上弹簧的弹力而自行释放,可以避免欠压造成的事故。

电源开关	主轴及进给传动	冷却泵	电源保护	主电动机控制	照明装置变压器	照明灯

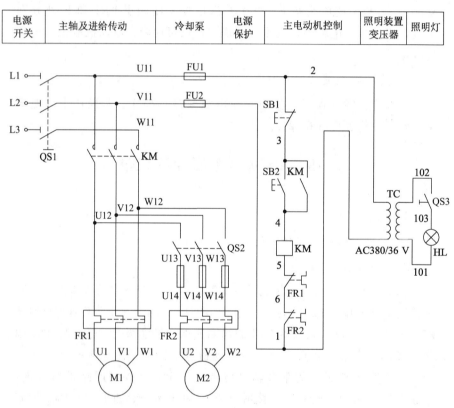

图 2.19.1 C620 型车床控制线路

3. 检测与调试

经检查接线无误后,接通交流电源并进行操作。若操作中出现异常，则应分析原因并排除故障。需要照明灯时，转动 QS3 接通电源，照明灯 HL 亮。

2.20　电动葫芦控制线路

1. 实验线路图

电动葫芦控制线路如图 2.20.1 所示。

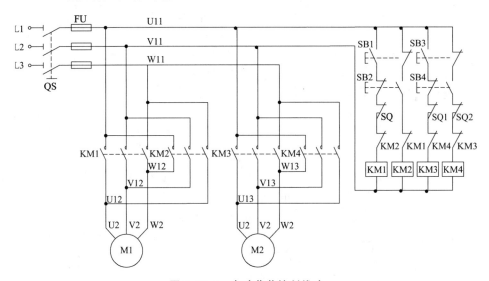

图 2.20.1　电动葫芦控制线路

2. 实验过程

电源由电网经转换开关 QS、熔断器 FU，接到提升接触器 KM1、下降接触器 KM2、正向移动接触器 KM3 及反向移动接触器 KM4 的主触点，并经过接触器引入电动机 M1 和 M2。提升机构的向上运动由行程开关 SQ 限制，前后移动机构分别由行程开关 SQ1 和 SQ2 限位。电动机在工作时是点动控制的，可以保证操作人员离开按钮盒时，电动葫芦的电动机能自动断电停转。

3. 检测与调试

经检查接线无误后，接通交流电源并进行操作。若操作中出现异常，则应自行分析原因并排除故障。

2.21　CA6140车床控制线路

1. 实验线路图

CA6140车床控制线路如图2.21.1所示。

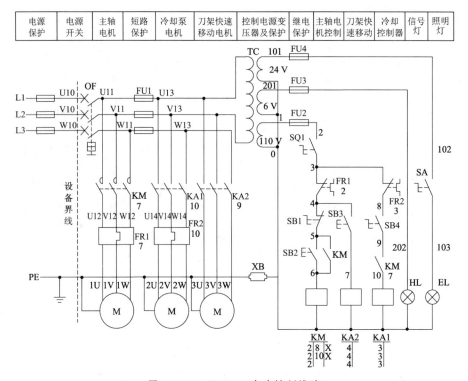

图2.21.1　CA6140车床控制线路

2. 实验过程

按下SA开关，照明灯EL和信号灯HL亮；按下SQ1，主控制回路接入电源；按下SB2，主轴电动机启动；按下SB3，刀架快速移动电动机启动；打开开关SB4，冷却泵电动机启动。

3. 检测与调试

经检查接线无误后，启动交流电源，各电动机应能正常工作。若不正常，则应分析原因并排除故障，使各动电机正常工作。可按照如下步骤进行故障排查。

（1）断电检查

检查前先断开机床总电源，根据故障可能产生的部位，逐步找出故障点。检查时应先检查电源线进线处有无因碰伤而引起的电源接地、短路等现象，螺旋式熔断器的熔断指示器是否跳出，热继电器是否动作。然后检查电气设备外部有无损坏，连接导线有无断路、松动，绝缘是否过热或烧焦。

（2）通电检查

在通电检查时要尽量使电动机和其所传动的机械部分脱开，先将控制器和转换开关置于零位，行程开关还原到正常位置，然后用万用表检查电源电压是否正常，是否缺相或严重不平衡，再进行通电检查，检查的顺序为：先检查控制电路，后检查主电路；先检查辅助系统，后检查主传动系统；先检查交流系统，后检查直流系统；合上开关，观察各电气元件是否按要求动作，有无冒火、冒烟、熔断器熔断的现象，直至找到发生故障的部位。

2.22 日光灯控制线路

1. 实验线路图

日光灯控制线路如图 2.22.1 所示。

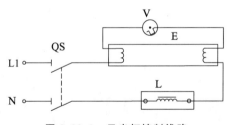

图 2.22.1 日光灯控制线路

2. 实验过程

日光灯由灯管、启辉器与镇流器三个部件组成。

控制线路的工作原理：在接通交流电源 220 V 的一瞬间，电路中电流没有通路，线路压降全部加在启辉器 V 两端，启辉器产生辉光放电，其产生的热量使启辉器中的双金属片变形弯曲而与静触片接触成通路，这时有较大的电流通过镇流器 L 与灯丝。灯丝被加热而发射电子使灯管内汞蒸发。在启辉器电极接通后，辉光放电消失。电极温度迅速下降，使双金属片因温度下降而恢复到原来的状态。在双金属片脱离接触器的一瞬间，电路呈开路状态，镇流器两端产生一个在数值上比线路电压高的电压脉冲，使灯管 E 点燃。灯点燃后，灯两端的电压仅 100 V 左右，因达不到启辉器放电电压而使启辉器停止工作。此时镇流器与灯管串联，起限制灯管工作电流的作用。

3. 检测与调试

经检查接线无误后，启动交流电源，日光灯应能正常工作。若不正常，则应分析原因并排除故障，使日光灯正常工作。

第 3 章

PLC 控制实训项目

3.1 可编程控制器的基本指令编程练习

1. 预习要求

① 熟悉手持编程器的使用方法。
② 根据实验内容编写实验程序。

2. 实验目的

① 熟悉 PLC 实验装置。
② 练习手持编程器的使用。
③ 熟悉系统操作。
④ 掌握与、或、非逻辑功能的编程方法。
⑤ 掌握定时器、计数器的正确编程方法，并学会定时器和计数器的扩展方法。

3. 实验器材

三菱可编程控制器，三菱手持编程器，教学实验设备（基本指令编程练习的实验区如图 3.1.1 所示）。

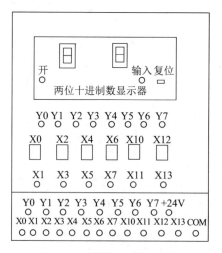

图 3.1.1 教学实验设备面板

4. 实验原理

使用 PLC 的 X、Y、M、C、T、S 等编程元件和基本逻辑指令进行编程操作，结果由显示区显示，从而验证内部元件的正确使用方法。

5. 注意事项

下面两排接线孔通过防转叠插锁紧线与 PLC 主机相应的输入输出插孔相接。Xi 为输入点，Yi 为输出点。图 3.1.1 中间两排 X0～X13 为输入按键，模拟开关量的输入。八路一排 Y0～Y7 是 LED 指示灯，接继电器输出，用以模拟输出负载的通与断。图 3.1.1 上方为两位十进制数显示器。

6. 实验内容

（1）与或非逻辑功能实验

① 走廊灯两地控制。

资源分配如表 3.1.1 所示。

表 3.1.1　资源分配

信号作用	输入信号	控制对象	输出信号
楼下开关	X001	走廊灯	Y000
楼上开关	X003		

控制要求：

楼上、楼下开关均可点亮或熄灭走廊灯操作。

② 走廊灯三地控制。

资源分配如表 3.1.2 所示。

表 3.1.2　资源分配

信号作用	输入信号	控制对象	输出信号
走廊东侧开关	X001	走廊灯	Y000
走廊中间开关	X003		
走廊西侧开关	X005		

控制要求：

走廊东、西、中间开关均可点亮或熄灭走廊灯操作。

（2）定时器/计数器功能实验

① 通电断电延时控制。

资源分配如表 3.1.3 所示。

表 3.1.3　资源分配

信号作用	输入信号	控制对象	输出信号
开关	X001	显示器	Y000

控制要求：如图 3.1.2 所示。

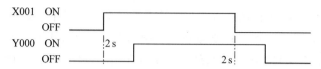

图 3.1.2 控制要求

② 闪光报警控制。

资源分配如表 3.1.4 所示。

表 3.1.4 资源分配

信号作用	输入信号	控制对象	输出信号
开关	X001	报警灯	Y000

控制要求：如图 3.1.3 所示。

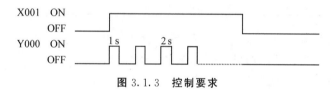

图 3.1.3 控制要求

③ 按键计数控制。

资源分配如表 3.1.5 所示。

表 3.1.5 资源分配

信号作用	输入信号	控制对象	输出信号
按键	X000	信号灯	Y000

控制要求：按键按下三次信号灯亮；再按两次，信号灯灭。

④ 定时器扩展实验。

资源分配如表 3.1.6 所示。

表 3.1.6 资源分配

信号作用	输入信号	控制对象	输出信号
启动	X000	定时到显示	Y000

控制要求：

利用定时器和计数器完成 2 min 定时，其中定时器定时时间为 10 s，定时时间到显示 3 s 后自动关断。

7. 实验结果分析

按照控制要求画出梯形图，并写出相应的指令表程序。

8. 思考题

设计一个实验用以验证脉冲输出指令。

3.2 装配流水线控制的模拟

1. 预习要求

① 掌握移位和循环移位功能指令的编程方法。
② 完成装配流水线模拟控制的程序。

2. 实验目的

了解移位和循环移位功能指令在控制系统中的应用及其编程方法。

3. 实验器材

三菱可编程控制器，三菱手持编程器，教学实验设备（装配流水线控制实验区如图 3.2.1 所示）。

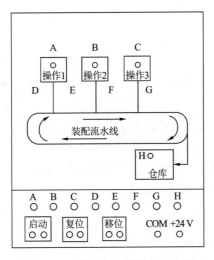

图 3.2.1 装配流水线控制实验区

4. 实验原理

利用移位和循环移位功能指令实现单序列功能图表的编程，可简化程序设计。具体来说，就是通过移位方式来完成转换，只要保证代表各工步的编程元件有一个为"1"状态即可，若有多个工位为活动状态，可采用块移位的操作方式实现。

5. 注意事项

在实验区示意图（图 3.2.1）中上部的 A～H 表示动作输出（用 LED 发光二极管模拟）；下部的 A～H 插孔分别接 PLC 的输出点，启动、移位、复位插孔分别接 PLC 的输入点。

6. 实验内容

资源分配如表 3.2.1 所示。

表 3.2.1 资源分配

信号作用	输入信号	控制对象	输出信号
启动	X000	A	Y000
移位	X001	B	Y001
复位	X002	C	Y002
—	—	D	Y003
—	—	E	Y004
—	—	F	Y005
—	—	G	Y006
—	—	H	Y007

控制要求：

传送带共有十六个工位，D、E、F、G 各有四个工位，工件从 1 号位装入，分别在 A（操作 1）、B（操作 2）、C（操作 3）三个工位完成三种装配操作，其他工位均用于传送工件，经最后一个工位后送入仓库，物流操作由移位控制键实现。

7. 实验结果分析

根据控制要求完成梯形图和相应的指令表程序，并验证程序的正确性。

8. 思考题

对于含有选择序列的较复杂的功能表图，是不是也可以采用移位的方式编程？为什么？

3.3 三相异步电动机的星/三角换接启动控制

1. 预习要求

① 熟悉电动机的星/三角启动工作原理。
② 编写星/三角换接降压启动控制程序。

2. 实验目的

① 掌握电动机的星/三角换接启动主回路的接线。
② 学会用可编程控制器实现电动机的星/三角换接降压启动过程的编程方法。

3. 实验器材

三菱可编程控制器，三菱手持编程器，教学实验设备（三相异步电动机的星/三角换接启动控制实验区如图 3.3.1 所示）。

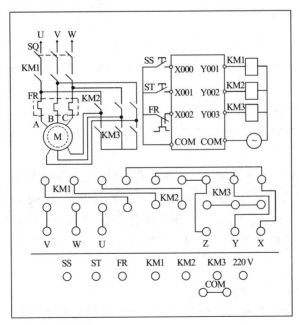

图 3.3.1　三相异步电动机的星/三角换接启动控制实验区

4. 实验原理

由于电动机正反转换接时，有可能因为电动机容量较大或操作不当等，使接触器主触点产生较为严重的起弧现象，如果电弧还未完全熄灭，反转的接触器闭合，则会造成电源相间短路。若用 PLC 来控制电动机，则可避免这一问题。

5. 注意事项

接通电源之前，将三相异步电动机的星/三角换接启动实验模块的开关置于"关"位置（开关往下扳）。因为一旦接通三相电，只要开关置于"开"位置（开关往上扳），这一实验模块中的 U、V、W 端就已通电。所以，请在连好实验接线后，再将这一开关接通，注意人身安全。

6. 实验内容

资源分配如表 3.3.1 所示。

表 3.3.1 资源分配

信号作用	输入信号	控制对象	输出信号
SS（启动）	X000	KM1	Y001
ST（停车）	X001	KM2	Y002
FR（过载保护）	X002	KM3	Y003

控制要求：

按下启动按钮后，延时 1 s 电动机先做星形连接启动，工作 5 s 后进行换接，延时 0.5 s 自动换接到三角形连接运转。注意：KM2、KM3 必须互锁。

实验装置已将三个 CJ0-10 接触器的触点引出至面板上。学生可用专用实验连接导线连接。三相市电已引至三相开关 SQ 的 U、V、W 端。A、B、C、X、Y、Z 与三相异步电动机（400 W）的相应六个接线柱相连。将三相闸刀开关拨向"开"位置，三相 380 V 市电便接通电动机。

7. 实验结果分析

按照控制要求画出梯形图，并写出相应的指令表程序，验证其正确性。

8. 思考题

若采用继电器控制系统应如何设计？画出相应的电气图。

3.4　LED 数码显示控制

1. 预习要求

根据控制要求采用以转换为中心的编程方式编写 LED 数码显示控制程序。

2. 实验目的

了解并掌握置位与复位指令 SET、RST 在控制中的应用及其编程方法。

3. 实验器材

三菱可编程控制器，三菱手持编程器，教学实验设备（LED 数码显示控制实验区如图 3.4.1 所示）。

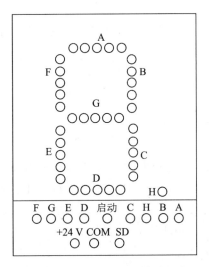

图 3.4.1　LED 数码显示控制实验区

4. 实验原理

SET 为置位指令，使动作保持；RST 为复位指令，使操作保持复位。当 X0 接通，即使再变成断开，Y0 也保持接通。X1 接通后，即使再变成断开，Y0 也将保持断开。SET 指令的操作目标元件为 Y、M、

S。而 RST 指令的操作目标元件为 Y、M、S、D、V、Z、T、C。这两条指令是 1~3 个程序步。用 RST 指令可以对定时器、计数器、数据寄存器、变址寄存器的内容清零。以这两条指令可以实现多种编程方式，其中一种是以转换为中心的编程方式。

5. 注意事项

实验中，A~H 分别接 PLC 的输出点，其状态由上面的发光二极管模拟显示；SD 接 PLC 的输入点。

6. 实验内容

资源分配如表 3.4.1 所示。

表 3.4.1 资源分配

信号作用	输入信号	控制对象	输出信号
SD（启动）	X000	A	Y000
		B	Y001
		C	Y002
		D	Y003
		E	Y004
		F	Y005
		G	Y006
		H	Y007

控制要求：

按下启动按钮后，由八组 LED 发光二极管开始显示：先是一段段显示，显示次序是 A、B、C、D、E、F、G、H，随后显示数字及字符，显示次序是 0、1、2、3、4、5、6、7、8、9、A、B、C、D、E、F，再返回初始显示，并循环 10 次结束。

7. 实验结果分析

按照控制要求画出功能表图、梯形图，并写出相应的指令表程序，验证其正确性。

8. 思考题

对此实验若采用启保停电路的设计思想，但要求用 SET、RST 指令编程，应怎样实现？

3.5 五相步进电动机控制的模拟

1. 预习要求

① 熟悉步进电动机的工作原理。
② 根据五相步进电动机的工作特点模拟环形分配器,完成程序编制。

2. 实验目的

了解并掌握采用 PLC 实现对步进电动机进行控制的方法。

3. 实验器材

三菱可编程控制器,三菱手持编程器,教学实验设备(五相步进电动机的模拟控制实验区如图 3.5.1 所示)。

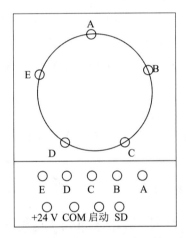

图 3.5.1 五相步进电动机的模拟控制实验区

4. 实验原理

利用顺序控制的思想实现该控制任务。

5. 注意事项

接线时,下部的 A、B、C、D、E 分别接 PLC 的输出点,同时用上部的发光二极管模拟步进电动机五个绕组的通电状态;SD 接 PLC 的输入点。

6. 实验内容

资源分配如表 3.5.1 所示。

表 3.5.1 资源分配

信号作用	输入信号	控制对象	输出信号
SD（启动）	X000	A	Y001
		B	Y002
		C	Y003
		D	Y004
		E	Y005

控制要求：

对五相步进电动机五个绕组依次自动实现以下方式的循环通电控制。

方式一：A—B—C—D—E；

方式二：A—AB—BC—CD—DE—EA；

方式三：AB—ABC—BC—BCD—CD—CDE—DE—DEA；

方式四：EA—ABC—BCD—CDE—DEA。

实验中要求实现以上四种控制模式中的任意两种，每拍间隔 2 s。

7. 实验结果分析

按照控制要求画出功能表图、梯形图，并写出相应的指令表程序。记录以上四步的现象，分析步进电动机各处于何种工作节拍下。

8. 思考题

若采用此种控制方法，提高步进电动机的转速会受到哪些因素限制？

3.6　十字路口交通灯控制的模拟

1. 预习要求

按照控制要求采用顺序控制的思想完成程序编制。

2. 实验目的

熟练使用各基本指令，根据控制要求，掌握 PLC 的编程方法和程序调试方法，了解用 PLC 解决一个实际问题的全过程。

3. 实验器材

三菱可编程控制器，三菱手持编程器，教学实验设备（十字路口交通灯模拟控制实验区如图 3.6.1 所示）。

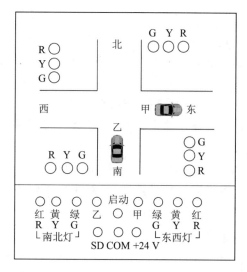

图 3.6.1 十字路口交通灯模拟控制实验区

4. 实验原理

验证顺序控制中的步进顺控指令的编程方式。

5. 注意事项

接线时,东西、南北的红、黄、绿灯分别接 PLC 的输出点,同时上部用发光二极管模拟显示其状态;SD 接 PLC 的输入点。

6. 实验内容

资源分配如表 3.6.1 所示。

表 3.6.1 资源分配

信号作用	输入信号	控制对象	输出信号
SD(启动)	X000	1绿(南北)	Y000
		1黄(南北)	Y001
		1红(南北)	Y002
		车(南北)	Y006
		2绿(东西)	Y003
		2黄(东西)	Y004
		2红(东西)	Y005
		车(东西)	Y007

注:小车的控制可以不加考虑。

控制要求：

信号灯受一个启动开关控制，当启动开关接通时，信号灯系统开始工作，且先南北绿灯亮，东西红灯亮。当启动开关断开时，所有信号灯都熄灭。

南北绿灯亮维持5 s，此时东西红灯亮并维持10 s。南北绿灯亮5 s，闪亮3 s后熄灭，黄灯亮，并维持2 s，结束后黄灯熄灭，红灯亮，同时，东西红灯熄灭，绿灯亮。

东西绿灯亮维持5 s，此时南北红灯亮并维持10 s。东西绿灯5 s，闪亮3 s后熄灭，黄灯亮，并维持2 s，结束后黄灯熄灭，红灯亮。同时，南北红灯熄灭，绿灯亮，周而复始。

时序图如图3.6.2所示。

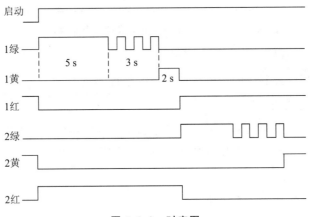

图 3.6.2　时序图

7. 实验结果分析

按照控制要求画出功能表图、梯形图，并写出相应的指令表程序，验证其正确性。

8. 思考题

实验若采用经验设计法应如何实现？

3.7　液体混合装置控制的模拟

1. 预习要求

按照控制要求完成程序编制。

2. 实验目的

熟练使用各条基本指令，通过对工程事例的模拟，熟练地掌握 PLC 的编程和程序调试。

3. 实验器材

三菱可编程控制器，三菱手持编程器，教学实验设备（液体混合装置的模拟控制实验区如图 3.7.1 所示）。

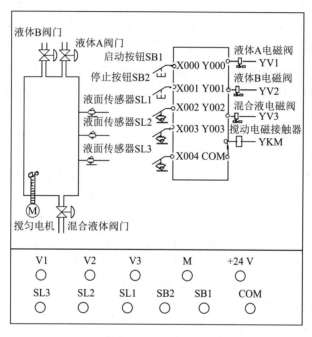

图 3.7.1　液体混合装置的模拟控制实验区

4. 实验原理

利用顺序控制的设计思想完成该控制任务。

5. 注意事项

接线时，液面传感器 SL1、SL2、SL3 用钮子开关来模拟，启动、停止用动合按钮来实现，接 PLC 的输入触点；液体 A 阀门、液体 B 阀门、混合液阀门的打开与关闭，以及搅匀电动机的运行与停转，接 PLC 的输出触点，并用发光二极管的点亮与熄灭来模拟。

6. 实验内容

资源分配如表 3.7.1 所示。

表 3.7.1 资源分配

信号作用	输入信号	控制对象	输出信号
SB1（启动）	X000	V1	Y000
SB2（停止）	X001	V2	Y001
SL1	X002	V3	Y002
SL2	X003	M	Y006
SL3	X004	—	—

控制要求：

本装置为两种液体混合装置，SL1、SL2、SL3 为液面传感器，液体 A、B 阀门与混合液阀门由电磁阀 YV1、YV2、YV3 控制，M 为搅匀电动机，控制过程如下。

初始状态：装置投入运行时，液体 A、B 阀门关闭，混合液阀门打开 20 s 将容器放空后关闭。

启动操作：按下启动按钮 SB1，装置就开始按以下的规律操作。液体 A 阀门打开，液体 A 流入容器。当液面到达 SL2 时，SL2 接通，关闭液体 A 阀门，打开液体 B 阀门。液面到达 SL1 时，关闭液体 B 阀门，搅匀电动机开始搅匀。搅匀电动机工作 1 min 后停止搅动，混合液体阀门打开，开始放出混合液体。当液面下降到 SL3 时，SL3 由接通变为断开，再过 20 s 后，容器放空，混合液阀门关闭，开始下一周期。

停止操作：按下停止按钮 SB2 后，在当前的混合液操作处理完毕后，才停止操作（停在初始状态上）。

7. 实验结果分析

按照控制要求画出功能表图、梯形图，并写出相应的指令表程序，验证其正确性。

8. 思考题

利用 STL 方式完成任意两种液体的混合。

3.8 电梯控制系统的模拟

1. 预习要求

① 了解电梯的控制原理。

② 编制实验程序。

2. 实验目的

① 通过对工程实例的模拟,熟练地掌握 PLC 的编程方法。

② 进一步熟悉 PLC 的 I/O 连接。

③ 熟悉三层楼电梯采用轿厢外按钮控制的编程方法。

3. 实验器材

三菱可编程控制器,三菱手持编程器,教学实验设备(电梯控制系统的模拟控制实验区如图 3.8.1 所示)。

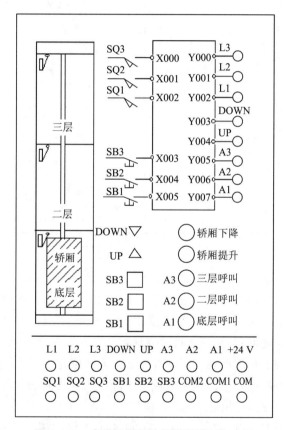

图 3.8.1　电梯控制系统的模拟控制实验区

4. 实验原理

采用经验设计法设计控制程序。

5. 注意事项

层指示、层呼叫指示、上升、下降分别接 PLC 的输出触点,并用发光二极管和 12 V 灯来模拟其状态;层间行程开关、层呼叫按钮分别接 PLC 的输入触点。

6. 实验内容

资源分配如表 3.8.1 所示。

表 3.8.1 资源分配

信号作用	输入	控制对象	输出
SQ3(行程开关)	X000	L3(层指示)	Y000
SQ2(行程开关)	X001	L2(层指示)	Y001
SQ1(行程开关)	X002	L1(层指示)	Y002
SB3(层呼叫)	X003	UP(向上)	Y003
SB2(层呼叫)	X004	DOWN(向下)	Y004
SB1(层呼叫)	X005	A3(呼叫指示)	Y005
—	—	A2(呼叫指示)	Y006
—	—	A1(呼叫指示)	Y007

控制要求:

熟悉采用轿厢外按钮控制的电梯工作原理及控制要求。电梯由安装在各楼层厅门口的呼叫按钮进行操纵,其操纵内容为呼叫电梯、运行方向和停靠楼层。每层楼设有呼叫按钮 SB1～SB3,指示灯 L1 指示电梯在底层与二层之间运行,L2 指示电梯在二层与三层之间运行,L3 指示电梯在三层与二层之间运行,SQ1～SQ4 为到位行程开关。电梯上升途中只响应上升呼叫,下降途中只响应下降呼叫,任何反方向的呼叫均无效。模拟开关 SB1、SB2、SB3 分别与 X005、X004、X003 相连,SQ1、SQ2、SQ3 分别与 X002、X001、X000 相连。输出端可不接输出设备,而用输出指示灯的状态来模拟输出设备的状态。

过程分析:

① 电梯在一、二、三层楼分别设置一个呼叫按钮和一个行程开关。在行程开关 SQ1、SQ2、SQ3 都断开的情况下,呼叫不起作用。

② 用指示灯模拟电梯的运行过程。

a. 从一层到三层：接通 X002 即接通 SQ1，表示轿厢原停一层，按 SB3，即 X003 接通，表示呼叫三层，则 Y005 接通，三层呼叫指示灯亮，Y004 接通，表示电梯上升，1 s 后，Y002 接通，底层指示灯亮，3 s 后，Y002 断开，则底层指示灯灭。断开 X002 即断开 SQ1，3 s 后，Y001 接通，二层指示灯亮，2 s 后，Y001 断开，二层指示灯灭。又过 3 s，到达三层，Y000 接通，三层指示灯亮，再过 2 s，Y004 断开，上升指示灯灭。

b. 从三层到一层：接通 X000 即接通 SQ3，表示轿厢原停三层，按 SB1，即 X005 接通，表示呼叫一层，则 Y007 接通，一层呼叫指示灯亮，Y003 接通，表示电梯下降，1 s 后，Y000 接通，三层指示灯亮，3 s 后，Y000 断开，则三层指示灯灭。断开 X000 即断开 SQ3，3 s 后，Y001 接通，二层指示灯亮，2 s 后，Y001 断开，二层指示灯灭。又过 3 s，到达底层，Y002 接通，底层指示灯亮，再过 2 s，Y003 断开，下降指示灯灭。

c. 从一层到二层：接通 X002 即接通 SQ1，表示轿厢原停一层，按 SB2，即 X004 接通，表示呼叫二层，则 Y006 接通，二层呼叫指示灯亮，Y004 接通，表示电梯上升，1 s 后，Y002 接通，底层指示灯亮，3 s 后，Y002 断开，则底层指示灯灭。断开 X002 即断开 SQ1，3 s 后，Y001 接通，二层指示灯亮，再过 2 s，Y004 断开，上升指示灯灭。

d. 从一层到二、三层：接通 X002 即接通 SQ1，表示轿厢原停一层，同时按 SB2、SB3，即 X003、X004 同时接通，表示二、三层同时呼叫，则 Y005、Y006 都接通，二、三层呼叫指示灯亮，Y004 接通，表示电梯上升，1 s 后，Y002 接通，底层指示灯亮，3 s 后，Y002 断开，则底层指示灯灭。断开 X002 即断开 SQ1，3 s 后，接通 X001 即接通 SQ2，1 s 后，Y001 接通，二层指示灯亮，2 s 后，Y001 断开，二层指示灯灭。断开 X001 即断开 SQ2，3 s 后，Y000 接通，三层指示灯亮，再过 2 s，Y004 断开，上升指示灯灭。

e. 从二层到一层：接通 X001 即接通 SQ2，表示轿厢原停二层，按 SB1，即 X005 接通，表示呼叫一层，则 Y007 接通，底层呼叫指示灯亮，Y003 接通，表示电梯下降，过 1 s 后，Y001 接通，二层指示灯亮，3 s 后，Y001 断开，则二层指示灯灭。断开 X001 即断开 SQ2，3 s 后，Y002 接通，底层指示灯亮，再过 2 s，Y003 断开，下降指示灯灭。

f. 从二层到三层：接通 X001 即接通 SQ2，表示轿厢原停二层，按 SB3，即 X003 接通一下，表示呼叫三层，则 Y005 接通，三层呼叫指示灯亮，Y0034 通，表示电梯上升，1 s 后，Y001 接通，二层指示灯亮，3 s 后，Y001 断开，则二层指示灯灭。断开 X001 即断开 SQ2，3 s 后，Y000 接通，三层指示灯亮，再过 2 s，Y004 断开，上升指示灯灭。

g. 从三层到二层：接通 X000 即接通 SQ3，表示轿厢原停三层，按 SB2，即 X004 接通，表示呼叫二层，则 Y006 接通，二层呼叫指示灯亮，Y003 接通，表示电梯下降，1 s 后，Y000 接通，三层指示灯亮，3 s 后，Y000 断开，则三层指示灯灭。断开 X000 即断开 SQ3，3 s 后，Y001 接通，二层指示灯亮，再过 2 s，Y003 断开，下降指示灯灭。

h. 从三层到一、二层：接通 X000 即接通 SQ3，表示轿厢原停三层，同时按 SB1、SB2，即 X004、X005 同时接通，表示一、二层同时呼叫，则 Y006、Y007 都接通，一、二层呼叫指示灯亮，Y003 接通，表示电梯下降，1 s 后，Y000 接通，三层指示灯亮，3 s 后，Y000 断开，则三层指示灯灭。断开 X000 即断开 SQ3，3 s 后接通 X001 即接通 SQ2，1 s 后，Y001 接通，二层指示灯亮，2 s 后，Y001 断开，二层指示灯灭。断开 X001 即断开 SQ2，3 s 后，Y002 接通，底层指示灯亮，再过 2 s，Y003 断开，下降指示灯灭。

i. 从二层到一、三层：接通 X001 即接通 SQ2，表示轿厢原停二层，同时按 SB1、SB3，即 X003、X005 同时接通，表示一、三层同时呼叫，则 Y005、Y007 都接通，一、三层呼叫指示灯亮，先让电梯下降，则 Y003 接通，表示电梯下降，1 s 后，Y001 接通，二层指示灯亮，3 s 后，Y001 断开，则二层指示灯灭。断开 X001 即断开 SQ2，3 s 后接通 X002 即接通 SQ3，1 s 后，Y002 接通，底层指示灯亮，过 2 s 后，Y002、Y004 都断开，则底层指示灯、下降指示灯灭。断开 X002，0.5 s 后，电梯上升，Y004 接通，上升指示灯亮。之后的电梯运行过程同"电梯从一层到三层"。

7. 实验结果分析

按照控制要求画出梯形图，并写出相应的指令表程序，验证其正确性。

8. 思考题

总结电梯控制程序的编程特点，并思考若层数多于三层时，有没有规律可循。

3.9 机械手动作的模拟

1. 预习要求

根据控制要求编制机械手动作程序。

2. 实验目的

了解 PLC 在工业中的应用，实现对具有两个自由度的机械手的控制模拟。

3. 实验器材

三菱可编程控制器，三菱手持编程器，教学实验设备（机械手的模拟控制实验区如图 3.9.1 所示）。

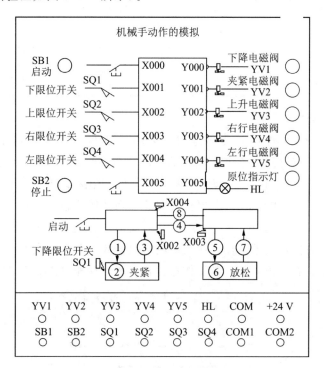

图 3.9.1 机械手的模拟控制实验区

4. 实验原理

利用顺序控制的设计思想实现该控制任务。

5. 注意事项

接线时，启动、停止用动断按钮实现，限位开关用钮子开关模拟，接 PLC 的输入触点；电磁阀和原位指示灯接 PLC 的输出触点，并用发光二极管模拟。

6. 实验内容

资源分配如表 3.9.1 所示。

表 3.9.1　资源分配

信号作用	输入信号	控制对象	输出信号
SB1（启动）	X000	YV1	Y000
SB2	X005	YV2	Y001
SQ1	X001	YV3	Y002
SQ2	X002	YV4	Y003
SQ3	X003	YV5	Y004
SQ4	X004	HL	Y005

控制要求：

实验中将工件由 A 处传送到 B 处的机械手，上升/下降和左移/右移的执行用双线圈二位电磁阀推动气缸完成。当某个电磁阀线圈通电，就一直保持现有的机械手动作，如一旦下降的电磁阀线圈通电，机械手下降，即使线圈断电，仍会保持现有的下降动作状态，直到相反方向的线圈通电为止。另外，夹紧/放松由单线圈二位电磁阀推动气缸完成，线圈通电时执行夹紧动作，线圈断电时执行放松动作。设备装有上、下限位和左、右限位开关，其工作过程含有八个动作（图 3.9.2）。

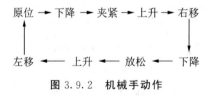

图 3.9.2　机械手动作

7. 实验结果分析

按照控制要求画出功能表图、梯形图，并写出相应的指令表程序，验证其正确性。

8. 思考题

如何编程实现机械手多关节手动和自动启动的独立切换？

3.10　四节传送带的模拟

1. 预习要求

根据控制要求编写实验程序。

2. 实验目的

模拟实际工业对象，熟练掌握 PLC 的编程和程序调试。

3. 实验器材

三菱可编程控制器，三菱手持编程器，教学实验设备（四节传送带的模拟控制实验区如图 3.10.1 所示）。

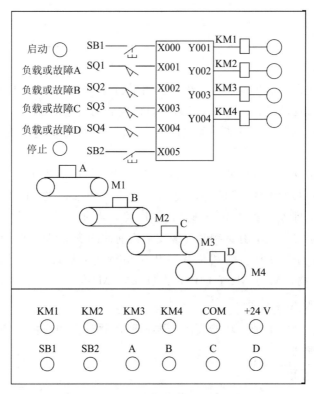

图 3.10.1　四节传送带的模拟控制实验区

4. 实验原理

采用顺序控制的设计思想。

5. 注意事项

接线时，启动、停止用动合按钮来实现，负载或故障设置用钮子开关来模拟，接 PLC 的输入触点；电动机的停转或运行接 PLC 的输出触点，并用发光二极管来模拟。

6. 实验内容

资源分配如表 3.10.1 所示。

表 3.10.1 资源分配

信号作用	输入信号	控制对象	输出信号
SB1（启动）	X000	KM1	Y001
SB2（停止）	X001	KM2	Y002
A	X002	KM3	Y003
B	X003	KM4	Y004
C	X004	—	—

控制要求：

四条皮带运输机的传送系统，分别用四台电动机带动。启动时先启动最末一条皮带机，经过 5 s 延时，再依次启动其他皮带机。

停止时应先停止最前一条皮带机，待料运送完毕后再依次停止其他皮带机。

当某条皮带机发生故障时，该皮带机及其前面的皮带机立即停止，而该皮带机以后的皮带机待运完后才停止。例如，当 M2 出现故障，M1、M2 立即停，经过 5 s 延时后，M3 停，再过 5 s，M4 停。

当某条皮带机上有重物时，该皮带机前面的皮带机停止，该皮带机运行 5 s 后停，而该皮带机以后的皮带机待运完后才停止。例如，当 M3 上有重物，M1、M2 立即停，再过 5 s，M4 停。

7. 实验结果分析

按照控制要求画出功能表图、梯形图，并写出相应的指令表程序，验证其正确性。

8. 思考题

利用 STL 方式完成任意级皮带机的启动。

3.11 两台 PLC 的通信

1. 预习要求

① 了解 PLC 组网的常见形式。

② 根据控制要求编写实验程序。

2. 实验目的

学习使用功能指令，掌握 PLC 常用的一种通信模式。

3. 实验器材

三菱可编程控制器，三菱手持编程器，THPLC-A 型教学实验设备（FX1N-485-BD 功能扩展卡）。

4. 实验原理

(1) 并行传输

按 1∶1 方式可实现 FX1S 内 50 个辅助继电器和 10 个数据寄存器的数据传输。

一般传输模式（特殊辅助继电器 M8162：OFF）如图 3.11.1 所示。

图 3.11.1 一般传输模式

高速传输模式（特殊辅助继电器 M8162：ON）如图 3.11.2 所示。

图 3.11.2 高级传输模式

(2) N∶N 网络（FX1S-MR）

① 标志位和数据寄存器。

标志位如表 3.11.1 所示。

表 3.11.1　标志位

指令	辅助继电器	意义	描述	回应类型
R	M8038	N：N 网络参数设定	用来设定 N：N 网络参数	M，L
R	M504	主站通信错误	当主站通信错误时为 ON	L
R	M505～M511	从站通信错误	当从站通信错误时为 ON	M，L
R	M503	数据通信中	当与它站通信时为 ON	M，L

注：R 表示只读；M 表示主站（master station）；L 表示从站（slave station）。

数据寄存器如表 3.11.2 所示。

表 3.11.2　数据寄存器

指令	特殊数据寄存器	意义	描述	回应类型
R	D8173	从站号	存有自己的站号	M
R	D8174	从站总数	存有从站总数	M，L
R	D8175	刷新范围	存有刷新范围	M，L
W	D8176	从站号设定	设定自己的站号	M，L
W	D8177	从站总数设定	设定从站总数	M
W	D8178	刷新范围设定	设定刷新范围	M
W/R	D8179	重试次数设定	设定重试次数	M
W/R	D8180	滞后时间设定	设定滞后时间	M
R	D201	当前网络搜寻时间	保存有当前网络搜寻时间	M，L
R	D202	最大网络搜寻时间	最大网络搜寻时间	M，L
R	D203	主站通信错误总数	主站通信错误总数×1	L
R	D204～D210×2	从站通信错误总数	从站通信错误总数×1	M，L
R	D211	主站的通信出错码	主站的通信出错码×1	L
R	D212～D218	从站的通信出错码	从站的通信出错码×1	M，L
	D219～D255	未使用	内部处理使用	—

注：① R 表示只读；W 表示只写；M 表示主站（master station）；L 表示从站（slave station）。

② 每站自己发生的通信错误总数不能被 CPU 错误状态、程序错误状态或者停止状态计数。

③ 和每个站的站号相对应。

从站 1 对应 D204，D212，从站 2 对应 D205，D213……从站 7 对应 D210，D218。

附：M503～M511 和 D201～D255 不能被用户程序使用。这些装置被同等地位的装置通信网络使用。

② 设定。

当程序运行或可编程控制器的电源打开时，N∶N 网络的设置生效。

③ 设定刷新范围。

刷新范围如表 3.11.3 所示。

表 3.11.3 刷新范围

通信元件	刷新范围		
	0 型	1 型	2 型
位元件	0 点	32 点	64 点
字元件	4 点	4 点	8 点

附：设定刷新范围为 0 型。当设定为其他类型时，所有 FX0N 系列的系统将变成通信错误。

请注意 FX0N 系列的通信错误使连接时间变长。

FX1S 系列可编程控制器也只有这种方式（0 型，如表 3.11.4 所示）。

表 3.11.4 0 型

从站号	0	1	2	3
元件号	D0～D3	D10～D13	D20～D23	D30～D33
从站号	4	5	6	7
元件号	D40～D43	D50～D53	D60～D63	D70～D73

5．注意事项

实验过程中要确认是否需要终端电阻。若是 1∶1 的通信实验，则两台机器都需要终端电阻；若是 1∶7 的通信实验，则只有终端两台机器需要接该电阻。

6．实验内容

控制要求：

通过两台 PLC 实现 PLC 的 1∶1 通信。

① 主站输入继电器 X000～X007 的 ON/OFF 状态输出到从站的 Y000～Y007。

② 从站中的 M0～M7 的 ON/OFF 状态输出到主站的 Y000～Y007。

③ 主站的 D0 的值用于设定从站的计时器（T0）的值。

7. 实验结果分析

按照控制要求画出梯形图，并写出相应的指令表程序，验证其正确性。

8. 思考题

如何实现三台以上 PLC 通过路由方式通信。

3.12　多台 PLC 的通信

1. 预习要求

① 了解 PLC 组网的常见形式。
② 加深对 PLC 通信技术的理解。
③ 根据控制要求编写实验程序。

2. 实验目的

学习使用功能指令，掌握多 PLC 在工业现场的一种通信模式。

3. 实验器材

三菱可编程控制器，三菱手持编程器，THPLC－A 型教学实验设备（FX1N－485－BD 功能扩展卡）。

4. 实验原理

实验原理同实验 3.11。

5. 注意事项

实验过程中要确认是否需要终端电阻，若是 1∶1 的通信实验，则两台机器都需要终端电阻；若是 1∶7 的通信实验，则只有终端两台机器需要接该电阻。

6. 实验内容

控制要求：

通过八台 PLC 实现 PLC 的 1∶7 通信。

主站的输入继电器 X000～X007 输出到从站 1 的输出继电器 Y000～Y007。

从站 1 的输入继电器 X000～X007 输出到从站 2 的输出继电器 Y000～Y007。

从站 2 的输入继电器 X000～X007 输出到从站 3 的输出继电器 Y000～Y007。

……

从站 7 的输入继电器 X000～X007 输出到主站的输出继电器 Y000～Y007。

7. 实验结果分析

按照控制要求画出梯形图,并写出相应的指令表程序,验证其正确性。

8. 思考题

请分析 1∶1 通信和 1∶7 通信两种形式的区别。

3.13　混料罐控制实验

1. 预习要求

按照控制要求完成程序编制。

2. 实验目的

熟练使用各条基本指令,通过对工程实例的模拟,熟练地掌握 PLC 的编程和程序调试。

3. 实验器材

三菱可编程控制器,三菱手持编程器,SAC-PC 型教学实验设备(液体混合装置的模拟控制实验区)。

4. 实验原理

利用顺序控制的设计思想实现该控制任务。

5. 注意事项

接线时,启动、停止、复位按钮和 H、M、L 传感器接 PLC 输入触点;A、B、C 电磁阀和搅拌电动机接输出触点。

6. 实验内容

资源分配如表 3.13.1、表 3.13.2 所示。

表 3.13.1　资源分配一

输入信号	信号元件及作用	元件或端子位置
X000	启动按钮	直线区　任选
X001	停止按钮	直线区　任选
X002	H 传感器	混料罐实验区
X003	M 传感器	混料罐实验区
X004	L 传感器	混料罐实验区
X005	复位按钮	直线区　任选

表 3.13.2　资源分配二

输出信号	控制对象及作用	元件或端子位置
Y000	A 阀门电磁阀	混料罐实验区
Y001	B 阀门电磁阀	混料罐实验区
Y002	C 阀门电磁阀	混料罐实验区
Y003	搅拌电动机	混料罐实验区

控制要求：

液面在最下方时，按下启动按钮后，可进行连续混料。首先，液体 A 阀门打开，液体 A 流入容器；当液面升到 M 传感器检测位置时，液体 A 阀门关闭，液体 B 阀门打开；当液面升到 H 传感器检测位置时，液体 B 阀门关闭，搅拌电动机开始工作。搅拌电动机工作 6 s 后，停止搅拌，混合液体 C 阀门打开，开始放出混合液体。当液面升到 L 传感器检测位置时，延时 2 s 后，关闭液体 C 阀门，然后再开始下一周期操作。若工作期间有停止按钮操作，则待该次混料结束后，方能停止，不再进行下一周期工作。由于初始工作时，液位不一定在液面最下方，为此需按下复位按钮，使料位液面处于最下方。

7. 实验结果分析

按照控制要求画出功能表图、梯形图，并写出相应的指令表程序，验证其正确性。

8. 思考题

能否修改程序使得混料顺序做到灵活选取？

3.14 传输线控制实验

1. 预习要求

按照控制要求完成程序编制。

2. 实验目的

模拟实际工业对象,熟练掌握 PLC 的编程和程序调试。

3. 实验器材

三菱可编程控制器,三菱手持编程器,SAC-PC 型教学实验设备(传输线实验区)。

4. 实验原理

利用顺序控制的设计思想实现该控制任务。

5. 注意事项

接线时,启动、停止按钮和料满、料欠传感器接 PLC 输入触点;卸料电磁阀和皮带 1、2、3 接 PLC 输出触点。

6. 实验内容

资源分配如表 3.14.1、表 3.14.2 所示。

表 3.14.1 资源分配一

输入信号	信号元件及作用	元件或端子位置
X000	启动按钮	直线区　任选
X001	停止按钮	直线区　任选
X002	料欠传感器	输料线实验区
X003	料满传感器	输料线实验区

表 3.14.2 资源分配二

输出信号	控制对象及作用	元件或端子位置
Y000	卸料电磁阀	输料线实验区
Y001	皮带 1 状态显示	输料线实验区
Y002	皮带 2 状态显示	输料线实验区
Y003	皮带 3 状态显示	输料线实验区

控制要求：

按下启动按钮，皮带 1 启动，经过 20 s 后，皮带 2 启动，再经过 20 s 后，皮带 3 启动，又经过 20 s 后，卸料阀打开，物料流下经各级皮带向下方传送进入下料仓。按下停止按钮后，卸料阀关闭，停止卸料，经过 20 s 后，皮带 3 停止，又经过 20 s 后，皮带 2 停止，又经过 20 s，皮带 1 停止。输料线启动顺序为顺物流方向，停止顺序为逆物流方向。输料线还可以根据后料层料位检测情况自动运行，无料自动启动、料满自动停止。

7. 实验结果分析

按照控制要求画出功能表图、梯形图，并写出相应的指令表程序，验证其正确性。

8. 思考题

利用 STL 方式完成任一级皮带机的开启或关闭。

3.15 小车自动选向、定位控制实验

1. 预习要求

按照控制要求完成程序编制。

2. 实验目的

模拟实际工业对象，熟练掌握 PLC 的编程和程序调试。

3. 实验器材

三菱可编程控制器，三菱手持编程器，SAC-PC 型教学实验设备（直线实验区）。

4. 实验原理

利用顺序控制的设计思想实现该控制任务。

5. 注意事项

接线时，1、2、3、4 呼叫按钮和 1、2、3、4 行程开关及系统启动按钮接 PLC 输入触点；电动机正、反转和停止接 PLC 输出触点。

6. 实验内容

资源分配如表 3.15.1、表 3.15.2 所示。

表 3.15.1 资源分配一

输入信号	信号元件及作用	元件或端子位置
X000	1 呼叫按钮	直线区 内选 1
X001	2 呼叫按钮	直线区 内选 2
X002	3 呼叫按钮	直线区 内选 3
X003	4 呼叫按钮	直线区 内选 4
X004	1 行程开关	直线区 1 行程开关
X005	2 行程开关	直线区 2 行程开关
X006	3 行程开关	直线区 3 行程开关
X007	4 行程开关	直线区 4 行程开关
X010	系统启动按钮	直线区 呼梯按钮 1

表 3.15.2 资源分配二

输出信号	控制对象及作用	元件或端子位置
Y000	电动机停止	—
Y001	电动机正转继电器	直线区正转端子
Y002	电动机反转继电器	直线区反转端子

控制要求：

该实验在直线控制区完成。小车行走由滑块动作示意，四个呼叫按钮位置和编号与四个行程开关位置和编号上下对应。当所按下呼叫按钮的编号大于小车所在行程开关位置编号时，小车右行，行走到呼叫按钮对应的行程开关位置后停止；当呼叫按钮的编号小于小车所在行程开关位置时，小车左行，行走到呼叫按钮对应的行程开关位置后停止。

7. 实验结果分析

按照控制要求画出功能表图、梯形图，并写出相应的指令表程序，验证其正确性。

8. 思考题

用经验设计法如何实现？

3.16 刀具库管理控制实验

1. 预习要求

按照控制要求完成程序编制。

2. 实验目的

模拟实际工业对象，熟练掌握 PLC 的编程和程序调试。

3. 实验器材

三菱可编程控制器，三菱手持编程器，SAC-PC 型教学实验设备（圆盘旋转实验区）。

4. 实验原理

利用顺序控制的设计思想实现该控制任务。

5. 注意事项

① 选择合适的速度，以免产生丢数情况。

② 位置发生错误时，关掉可编程控制器电源，将转盘 0 位移到最下方，并将码盘置 0 位，然后重新通电，将程序中位置计数器复位。

③ 接线时，按照资源分配表进行。

6. 实验内容

资源分配如表 3.16.1、表 3.16.2 所示。

表 3.16.1　资源分配一

输入信号	信号元件及作用	元件或端子位置
X000	码盘开关 1 位	码盘开关
X001	码盘开关 2 位	码盘开关
X002	码盘开关 3 位	码盘开关
X003	码盘开关 4 位	码盘开关
X004	启动按钮	直线区 按钮任选
X005	位置传感器	旋转区 位置传感器
X006	点动按钮	直线区 按钮任选

表 3.16.2　资源分配二

输出信号	控制对象及作用	元件或端子位置
Y000	电动机正转继电器	旋转区正转端子
Y001	电动机反转继电器	旋转区反转端子

控制要求：

圆盘模拟数控加工中心刀具库，刀具库上有 8 个位置，表示能存放 8 把刀具，编号为 0～7。圆盘能正、反向旋转，当数码盘拨出所需刀具数字编号时，按下启动按钮，即可输入码盘数据，同时圆盘按就近方向旋转，将所需的刀具当前存放位置转到正下方出口处停下。要求动作执行以就近旋转取出刀具为目的。

例如：8 种刀具，一半是 4，若（码盘）设定值与出口处当前位置值之差大于等于 4，则正转（顺时针），小于 4，则反转（逆时针）。

若设定值为 6，当前值为 1，6－1＝5＞4，正转；若设定值为 7，当前值为 5，7－5＝2＜4，反转；若设定值为 0，当前值为 3，0－3＝－3；结果为负数时，则（模）8－3＝5＞4，正转。

7. 实验结果分析

按照控制要求画出梯形图，并写出相应的指令表程序，验证其正确性。

8. 思考题

如何利用算法完成码盘的暂停与恢复。

第 4 章

电子设备装接技术

4.1 电子元件的识别与测试

4.1.1 电阻器、电容器、电感器识别与测试训练

 学习目标

① 掌握电阻器、电容器、电感器的识别技能。
② 能熟练进行电阻器、电容器、电感器的测试。

1. 电阻器

（1）电阻器的分类

① 按结构形式可分为一般电阻器、片形电阻器、可变电阻器（电位器）。

② 按材料可分为合金型、薄膜型和合成型。

另外，还有敏感电阻，也称为半导体电阻，具体有热敏、压敏、光敏、温敏等不同类型的电阻，被广泛应用于检测技术和自动控制等领域。常见电阻器外形如图 4.1.1 所示。

图 4.1.1 常见电阻器外形

（2）电阻器的主要技术指标

① 额定功率：电阻器在电路中长时间连续工作不损坏或不显著改变其性能所允许消耗的最大功率，称为电阻器的额定功率。

② 阻值和偏差：电阻器的标称值和偏差都标注在电阻体上，其标

志方法有直标法、文字符号法和色标法（表4.1.1）。

表4.1.1 标志方法及特点

标志方法	特点
直标法	用阿拉伯数字和单位符号在电阻器表面直接标出标称电阻值，其允许偏差直接用百分数表示
文字符号法	用阿拉伯数字和文字符号有规律的组合来表示标称阻值和允许偏差
色标法	小功率电阻多使用色标法，特别是0.5W以下的碳膜和金属膜电阻

色标法是将电阻的类别及主要技术参数的数值用颜色（色环或色点）标注在它的外表面上。色标电阻（色环电阻）可分为三环、四环、五环三种标法。三环色标电阻：标示标称电阻值（精度均为±20%）。四环色标电阻［图4.1.2（a）］：标示标称电阻值及精度。五环色标电阻［图4.1.2（b）］：标示标称电阻值（三位有效数字）及精度。电阻色环含义如图4.1.2所示。

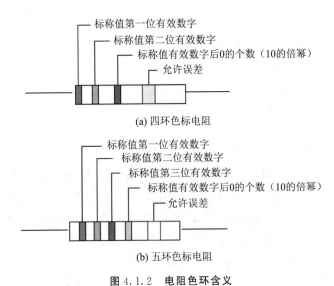

图4.1.2 电阻色环含义

色标符号规定如表 4.1.2 所示。

表 4.1.2 色标符号规定

色别	第一环 第一位数	第二环 第二位数	第三环 第三位数	第四环 应乘倍率	第五环 精度
银	—	—	—	10^{-2}	K±10%
金	—	—	—	10^{-1}	J±5%
黑	0	0	0	10^{0}	K±10%
棕	1	1	1	10^{1}	F±1%
红	2	2	2	10^{2}	G±2%
橙	3	3	3	10^{3}	—
黄	4	4	4	10^{4}	—
绿	5	5	5	10^{5}	D±0.5%
蓝	6	6	6	10^{6}	C±0.25%
紫	7	7	7	10^{7}	B±0.1%
灰	8	8	8	10^{8}	—
白	9	9	9	10^{9}	+5%,−20%

快速识别色环电阻的要点是熟记色环所代表的数字含义。为方便记忆，色环代表的数值口诀如下：

1 棕 2 红 3 为橙，4 黄 5 绿在其中，

6 蓝 7 紫随后到，8 灰 9 白黑为 0，

尾环金银为误差，数字应为 510。

色环电阻无论是采用三色环，还是四色环、五色环，关键色环是第三环或第四环（尾环），因为该色环的颜色代表电阻值有效数字的倍率。想快速识别色环电阻，关键在于根据第三环（三环电阻、四环电阻）、第四环（五环电阻）的颜色把阻值确定在某一数量级范围内，再将前两环读出的数"代"进去，这样可很快读出数来。

三色环电阻的色环表示标称电阻值（允许误差均为±20%）。例如，色环为棕黑红，表示 $10×10^{2}$ Ω＝1.0 kΩ±20% 的电阻。四色环电阻的色环表示标称值（两位有效数字）及精度。例如，色环为棕绿橙金，表示 $15×10^{3}$ Ω＝15 kΩ±5% 的电阻。五色环电阻的色环表示标称值（三位有效数字）及精度。例如，色环为红紫绿黄棕，表示 $275×10^{4}$ Ω＝

2.75 MΩ±1%的电阻。

一般四色环和五色环电阻表示允许误差的色环的特点是该色环与其他环的距离较远。较标准的表示应是表示允许误差的色环的宽度是其他色环的1.5~2倍。在五色环电阻中棕色环常常既用作误差环又作为有效数字环，且常常在第一环和最后一环中同时出现，使人很难识别哪一个是第一环，哪一个是误差环。在实践中，可以按照色环之间的距离加以判别，通常第四环和第五环（误差环和尾环）之间的距离要比第一环和第二环之间的距离宽一些，根据此特点可判定色环的排列顺序。如果靠色环间距仍无法判定色环顺序，还可以利用电阻的生产序列值加以判别。

（3）电位器

电位器是一种可调电阻器，对外有三个引出端，其中两个为固定端，一个为滑动端（也称中心抽头）。滑动端在两个固定端之间的电阻体上做机械运动，使其与固定端之间的电阻发生变化。其外形如图4.1.3所示。

图 4.1.3　电位器外形

（4）电阻器、电位器的测量与质量判别

基本操作步骤描述：测量电阻器→测量热敏电阻器→测量电位器→整理现场。

电阻器的测量和质量判别通常用万用表电阻挡实现。测量时手指不要触碰被测固定电阻器的两根引出线，避免人体电阻影响测量精度。测量方法如图4.1.4所示。热敏电阻器检测时，在常温下用万用表$R\times 1$挡来测量。在正常时测量值应与其标称阻值相同或接近（误差在±2Ω），用已加热的电烙铁靠近热敏电阻器，并测量其电阻值，正常时电阻值应随温度上升而增大。

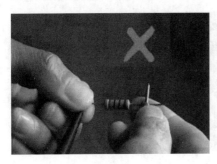

图 4.1.4　电阻器的测量

电阻器的电阻体或引线折断及烧焦等,可以从外观上看出。电阻器内部损坏或阻值变化较大,可用万用表欧姆挡测量核对。若电阻内部或引线有缺陷,以致接触不良时,用手轻轻地摇动引线,可以发现松动现象,用万用表测量时,指针指示不稳定。

电位器的测量与质量判别方法如下:

① 从外观上识别电位器,如图 4.1.5 所示。首先要检查引出端是否松动;转动旋柄时应感觉平滑,不应有过紧或过松现象;检查开关是否灵活,开关通断时"咯哒"声是否清脆;此外,听一听电位器内部接触点和电阻体摩擦的声音,如有"沙沙"声,说明质量不好。

1—焊片1; 2—焊片2;
3—焊片3; 4—接地焊片。

图 4.1.5 电位器外形

② 测量电位器阻值时,用万用表合适的电阻挡测量电位器两定片之间的阻值,其读数应为电位器的标称阻值。如果测量时万用表指针不动或阻值相差很多,则说明该电位器已损坏。

③ 检查电位器的动片与电阻体的接触是否良好。用万用表笔接电位器的动片和任一定片,并反复、缓慢地旋转电位器的旋钮,观察万用表的指针是否连续、均匀地变化,其阻值应在零到标称阻值之间连续变化。若万用表指针平稳移动而无跌落、跳跃或抖动等现象,则说明电位器正常;若万用表变化不连续(指跳动)或变化过程中电阻值不稳定,则说明电位器接触不良。电位器的测量如图 4.1.6 所示。

图 4.1.6 电位器的测量

④ 检查电位器各引脚与外壳及旋转轴之间的绝缘电阻值,观察是否为无穷大（∞）,若不是,则说明有漏电现象。

2. 电容器

常见电容器的外形如图4.1.7所示。

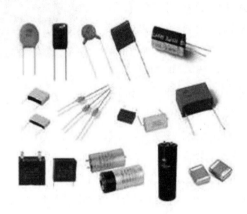

图4.1.7 常见电容器的外形

(1) 电容器的主要参数

① 电容器的标称容量和偏差:不同材料制造的电容器,其标称容量系列也不一样。一般电容器的标称容量系列与电阻器的系列相同,即E24、E12、E6系列。

电容器的标称容量和偏差一般标在电容体上,其标识方法常采用直标法、数码表示法和色码表示法。色码表示法与电阻器的色环表示法类似,颜色涂于电容器的一端或从顶端向引线排列。色码一般只有三种颜色,前两环为有效数字,第三环为倍率,单位为pF。

② 电容器的额定直流工作电压:在线路中能够长期可靠地工作而不被击穿时所能承受的最大直流电压（又称耐压）。其大小与介质的种类和厚度有关。

(2) 电容器的检测

基本操作步骤描述:检测固定电容器→判别电容器的容量→电解电容器极性判别→整理现场。

通常用万用表的欧姆挡来判别电容器的性能、容量、极性及好坏等。要合理选用万用表的量程,5 000 pF以下的电容应选用电容表测量。

① 固定电容器的检测。

a. 检测容量为 6 800 pF～1 μF 的电容器时，采用万用表的 $R\times 10$ k 挡，红、黑表笔分别接电容器的两根引脚，在表笔接通的瞬间应能看到表针有很小的摆动。若未看清表针的摆动，可将红、黑表笔互换一次再测，此时，表针的摆动幅度应略大一些，根据表针摆动情况判断电容器质量。固定电容器的检测如图 4.1.8 所示。

图 4.1.8　固定电容器的检测

接通瞬间，表针摆动，然后返回至"∞"，表明电容器良好，且摆幅越大，容量越大。

接通瞬间，表针不摆动，表明失效或断路。

表针摆幅很大，且停在那里不动，表明电容器已击穿（短路）或严重漏电。

表针摆动正常，不能返回至"∞"，表明有漏电现象。

b. 检测容量小于 6 800 pF 的电容器时，由于容量太小，用万用表电阻挡检测时无法看到表针摆动，此时只能检测电容器是否漏电和击穿，不能检测是否存在开路或失效故障。检测容量小于 6 800 pF 的电容器时，可借助一个外加直流电压，把万用表调到相应直流电压挡，黑表笔接直流电源负极，红表笔串接被测电容器后接电源正极，根据指针摆动情况判别电容器质量。

② 电解电容器的检测。

a. 选择欧姆挡来识别或估测（已失去标志）电解电容器的容量，低于 10 μF 选用 $R\times 10$ k 挡，10～100 μF 选用 $R\times 1$ k 挡；大于 100 μF 选用 $R\times 100$ 挡。估测前要先把电容器的两引脚短路，以便放掉电容器内残余电荷。

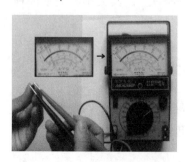

图 4.1.9　电解电容器的检测

b. 将万用表的黑表笔接电解电容器的正极，红表笔接负极，检测其正向电阻，表针先向右做大幅摆动，然后再慢慢回到∞的位置。电解电容器的检测如图 4.1.9 所示。

c. 再次将电容器两引脚短路后,将黑表笔接电解电容器的负极,红表笔接正极,检测反向电阻,表针先向右摆动,再慢慢返回,但一般不能回到无穷大的位置。检测过程中如与上述情况不符,则说明电容器已损坏。

上述检测方法还可以用于鉴别电容器的正负极。对失掉正负极标志的电解电容器,可先用万用表两表笔进行一次检测,同时观察并记住表针向右摆动的幅度,然后两表笔对调再进行检测。在一次检测中,若表针最后停留的摆幅较小,则该次万用表黑表笔接触的引脚为正极,另一引脚为负极。

3. 电感器

(1) 电感器的分类

电感器的种类很多,分类标准也不一样。通常按电感量变化情况分为固定电感器、可变电感器、微调电感器等;按电感器线圈内介质不同分为空心电感器、铁芯电感器、磁芯电感器、铜芯电感器等;按绕制特点分为单层电感器、多层电感器、蜂房电感器等。常见电感器的外形如图 4.1.10 所示。

图 4.1.10 常见电感器的外形

(2) 电感器的标识方法

电感器的标识方法与电阻器、电容器的标识方法相同,有直标法、文字符号法和色标法。

(3) 电感器的参数

① 电感量 L:线圈的电感量 L 也称自感系数或自感,是表示线圈

产生自感能力的一个物理量。其单位为亨（H），另有毫亨（mH）和微亨（μH）等。

② 品质因数 Q：线圈的品质因数也称优质因数，是表示线圈质量的一个物理量。它是指线圈在某一频率 f 的交流电压下工作时所呈现的感抗（ωL）与等效损耗电阻 $R_{等效}$ 之比，即

$$Q = \omega L / R_{等效} = 2\pi f L / R_{等效}$$

频率较低时，可认为 $R_{等效}$ 等于线圈的直流电阻；频率较高时，$R_{等效}$ 应为包括各种损耗在内的总等效电阻。

③ 分布电容：线圈的匝与匝间，线圈与屏蔽罩间（有屏蔽罩时），线圈与磁芯、底板间存在的电容均称为分布电容。分布电容的存在使线圈 Q 值减小，稳定性变差，因而线圈的分布电容越小越好。

（4）电感器的质量鉴别

基本操作步骤描述：选好万用表的挡位→测量电感器的线圈电阻→判断质量好坏→整理现场。

① 电感线圈一般质量的鉴别：用万用表测量线圈电阻，可大致判别其质量好坏，一般电感线圈的直流电阻很小（为零点几欧到几十欧），低频扼流圈线圈的直流电阻也只有几百至几千欧。

② 当被测线圈的电阻值为无穷大时，表明线圈内部或引出端已断路；当被测线圈的电阻值远小于正常值或接近零时，表明线圈局部短路。

③ 对于 Q 值的推断和估算：

线圈的电感量相同时，直流电阻越小，其 Q 值越大，即所用的直径越大，Q 值越大。

若采用多股线绕制线圈，导线的股数越多（一般不超过 13 股），其 Q 值越大。

线圈骨架（或铁芯）所用材料的损耗越小，其 Q 值越大。

线圈的分布电容和漏磁越小，其 Q 值越大。

线圈无屏蔽罩、安装位置周围无金属构件时，其 Q 值较大；屏蔽层或金属构架离线圈越近，其 Q 值降得越多。对于低频电感线圈，可以利用估算法确定 Q 值，即

$$Q = \omega L / R$$

实训任务

1. 实训目的

电阻器、电容器识别与测试训练。

2. 实训器材

万用表,电容表,不同型号电阻器,不同型号电位器,电容器(包括坏电容器)。

3. 实训内容

(1) 电阻器的识别

① 做色环电阻板若干块,每块可放置不同的色环电阻 20 只,由学生注明该色环电阻的阻值,并互相交换,反复练习,提高识别速度和准确性。

② 做标志具体阻值的电阻板若干块,每块放置不同阻值的电阻 20 只,由学生注明该电阻的色环和分类,并相互交换,反复练习。

(2) 用万用表测量电阻

选用无色环、无数值标志的不同阻值的电阻若干个,用万用表测量阻值,要求测量快速、准确,区分正确。

(3) 用万用表测量电位器

① 测量两固定端的阻值。

② 测量中间滑动片与固定端间的电阻值,旋转电位器,观察其阻值变化情况。

(4) 数据处理

将识别与测量的结果填入表 4.1.3。

(5) 电容器的识别与测试

先在若干个电容器中除去不能使用的电容器(短路和断路的电容器),接着在完好的电容器中确定它们的漏电电阻大小,并判别哪些是电解电容器。自行绘制表格,并进行记录。

4. 评分标准

成绩评分标准如表 4.1.4 所示。

表 4.1.3 电阻器的识别与测量

由色环写出具体阻值				由具体阻值写出色环			
色环	阻值	色环	阻值	阻值	色环	阻值	色环
棕黑黑		棕黑红		0.5 Ω		2.7 kΩ	
红黄黑		紫棕棕		1 Ω		3 kΩ	
橙橙黑		橙黑绿		36 Ω		5.6 kΩ	
黄紫橙		蓝灰橙		220 Ω		6.8 kΩ	
灰红红		红紫黄		470 Ω		8.2 kΩ	
白棕黄		紫绿棕		750 Ω		24 kΩ	
黄紫棕		棕黑橙		1 kΩ		39 kΩ	
橙黑棕		橙橙橙		1.2 kΩ		47 kΩ	
紫绿红		红红红		1.8 kΩ		100 kΩ	
白棕棕		—	—	2 kΩ		150 kΩ	
1 min 内读出色环电阻值				注:20 分满分,每错 1 个扣 2 分			
3 min 内测量无标识电阻数				注:20 分满分,每错 1 个扣 2 分			
电位器测量	固定端阻值		型号及含义		质量好坏		

表 4.1.4 评分标准

序号	项目内容	评分标准	配分	扣分	得分
1	电阻器的识别与测量	① 10 min 内读出电阻器色环电阻数,满分 20 分,每错 1 个扣 2 分 ② 3 min 内测量无标志电阻数,满分 20 分,每错 1 个扣 2 分	40		
2	电位器的识别与测量	① 不会判别好坏扣 2 分 ② 不会识别,每只扣 1 分	30		
3	电容器的识别与测量	① 不会判别好坏扣 8 分 ② 不会识别,每只扣 7 分	30		
4	备注	时间:60 min 不允许超时	评分 教师签字		

4.1.2 半导体器件的识别与测试训练

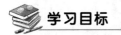 学习目标

① 掌握二极管、三极管的检测方法。
② 熟悉其他半导体器件的检测方法。

1. 晶体二极管的简易测试

常用的晶体二极管有 2AP、2CP、2CZ 系列。2AP 系列主要用于检波和小电流整流；2CP 系列主要用于较小功率的整流；2CZ 系列主要用于大功率整流。

基本操作步骤描述：选好万用表的挡位→测量二极管的正向电阻→测量二极管的反向电阻→判别极性及质量好坏→整理现场。

一般在二极管的管壳上注有极性标记，若无标记，可利用二极管正向电阻小、反向电阻大的特点来判别其极性，也可利用这一特点判断二极管的好坏。

（1）二极管的检测

① 直观识别二极管的极性。二极管的正、负极都标在外壳上，如图 4.1.11 所示。其标注形式有的是电路符号，有的用色点或标志环来表示，有的借助二极管的外形特征来识别。

图 4.1.11　常见二极管的外形

② 用万用表的 $R \times 100$ 或 $R \times 1\,k$ 挡判别二极管的极性，要注意调零。检测小功率二极管的正反向电阻，不宜使用 $R \times 1$ 或 $R \times 10\,k$ 挡，前者流过二极管的正向电流较大，可能烧坏管子；后者加在二极管两端的反向电压太高，易将管子击穿。

③ 用红黑表笔同时接触二极管两极的引线，然后对调表笔重新测量。二极管的检测如图 4.1.12 所示。

图 4.1.12　二极管的检测

④ 在所测阻值小的那次测量中，黑表笔所接的是二极管的正极，红表笔所接的是二极管的负极。

⑤ 晶体二极管正反向电阻相差越大越好。两者相差越大，表明二极管的单向导电特性越好；如果二极管的正反向电阻值很接近，表明管子已坏。若正反向电阻都很大，则说明管子内部已断路，不能使用。

（2）稳压二极管的检测

① 稳压二极管极性的识别：用 $R\times1$ 挡测出二极管的正负引脚。稳压二极管在反向击穿前的导电特性与一般二极管相似，因而可以通过检测正反向电阻的方法来判别极性。

② 稳压二极管与普通二极管的区别：将万用表拨至 $R\times10\text{k}$ 挡上，黑表笔接二极管的负极，红表笔接二极管的正极，若此时测得的反向电阻值变得很小，说明该管为稳压二极管；反之，测得的反向电阻仍很大，说明该管为普通二极管。

2. 晶体三极管的简易测试

基本操作步骤描述：外形判别→选好万用表的挡位→判别极性→判别管型→判别性能和质量好坏→整理现场。

（1）三极管管型和基极的判别

① 根据管子的外形粗略判别出管型。目前市场上的小功率金属外壳三极管，NPN 管的高度比 PNP 管低得多，且有一突出的标志。塑封小功率三极管多为 NPN 管，如图 4.1.13 所示。

图 4.1.13　常见三极管外形

② 将万用表拨到 $R \times 100$（或 $R \times 1\text{k}$）挡，先找基极。用黑表笔接触三极管的一根引脚，红表笔分别接触另外两根引脚，测得一组（两个）电阻值；黑表笔依次换接三极管其余两根引脚，重复上述操作，再测得两组电阻值，如图 4.1.14 所示。将测得的电阻值进行比

图 4.1.14 三极管管型和基极的判别

较，当某一组中的两个电阻值基本相同时，黑表笔所接的引脚为三极管的基极。若该组两个电阻值为三组中最小，则说明被测管为 NPN 型；若该组两个电阻值为三组中最大，则说明被测管为 PNP 型。

（2）三极管集电极和发射极的判别

① 对于 NPN 型三极管，在判断出管型和基极 b 的基础上，将万用表拨到 $R \times 1\text{k}$ 挡上，用红、黑表笔接基极之外的两根引脚，再用手同时捏住黑表笔接的电极与基极（手相当于一个电阻器），注意不要使两表笔相碰，此时注意观察万用表指针向右摆动的幅度。然后，将红、黑表笔对调，重复上述步骤，如图 4.1.15 所示。比较两次检测中指针向右摆动的幅度，以摆动幅度大的为准，黑表笔接的是集电极，红表笔接的是发射极。

图 4.1.15 三极管集电极和发射极的判别

② 对于 PNP 型三极管，将万用表拨到 $R \times 100$ 或 $R \times 1\text{k}$ 挡，将红、黑表笔接基极之外的两根引脚，再用手同时捏住红表笔接的电极与基极（手相当于一个电阻器），注意不要使两表笔相碰，此时注意观察万用表指针向右摆动的幅度。然后，将红黑表笔对调，重复上述步骤。比较两次检测中指针向右摆动的幅度，以摆动幅度大的为准，黑表笔接的是发射极，红表笔接的是集电极。

（3）硅、锗管的判别

用万用表 $R\times 1$ k 挡测量三极管发射极的正向电阻大小（对 NPN 型管，黑表笔接基极，红表笔接发射极；对 PNP 型管，则与 NPN 型管相反）。若测得阻值在 $3\sim 10$ kΩ，说明是硅管；若测得阻值在 $500\sim 1\ 000$ Ω，说明是锗管。目前市场上锗管大多为 PNP 型，硅管多为 NPN 型。

（4）三极管的性能检测

① 估测 NPN 管的穿透电流 I_{ceo}。用万用表电阻量程 $R\times 100$ 或 $R\times 1$ k 挡测量集电极、发射极的反向电阻，如图 4.1.16（a）所示，测得的电阻值越大，说明 I_{ceo} 越小，晶体管稳定性越好。一般硅管比锗管阻值大，高频管比低频管阻值大，小功率管比大功率管阻值大。

② 共射极电流放大系数 β 的估测。若万用表有测 β 的功能，可直接测量读数；若没有测 β 的功能，可以在基极与集电极间接入一只 100 kΩ 电阻，如图 4.1.16（b）所示。此时，集电极与发射极反向电阻较图 4.1.16（a）所示的小，即万用表指针偏摆大，指针偏摆幅度越大，则 β 值越大。

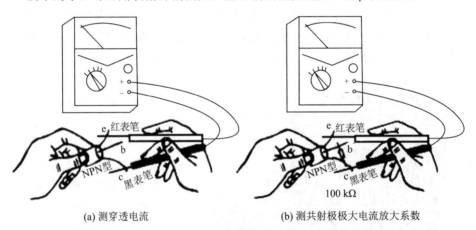

(a) 测穿透电流　　(b) 测共射极极大电流放大系数

图 4.1.16　三极管 β 值的检测

③ 晶体三极管的稳定性能判别。在判断 I_{ceo} 时，用手捏住管子，如图 4.1.17 所示，受人体温度影响，集电极与发射极反向电阻将有所减小。若指针偏摆较大，或者说反向电阻值迅速减小，则管子的稳定性较差。

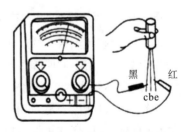

图 4.1.17　三极管稳定性的判别

3. 晶闸管与单极管的检测

基本操作步骤描述：选好万用表的挡位→判别极性→判别管型→判别性能和质量好坏→整理现场。

(1) 晶闸管的检测

① 将万用表转换开关置于 $R\times 1\text{k}$ 挡，测量阳极与阴极之间、阳极与控制极之间的正反电阻，正常时电阻值很大（几百千欧以上）。

② 将万用表转换开关置于 $R\times 1$ 或 $R\times 10$ 挡，测出控制极对阴极正向电阻，一般应为几欧至几百欧；反向电阻比正向电阻要大一些。若反向电阻为几欧，不能说明控制极与阴极间短路，若大于几千欧，则说明控制极与阴极间断路。

③ 将万用表转换开关置于 $R\times 100$ 或 $R\times 10$ 挡，黑表笔接 A 极，红表笔接 K 极，在黑表笔保持与 A 极相接的情况下，同时与 G 极接触，这样就给 G 极加上一触发电压，可看到万用表上的电阻值明显变小，这说明晶闸管因触发而导通。在保持黑表笔和 A 极相接的情况下，断开与 G 极的接触，若晶闸管仍导通，则说明晶闸管是好的；若不导通，则一般可说明晶闸管已损坏。

④ 根据以上测量方法可以判别出阳极、阴极与控制极，即一旦测出两引脚间呈低阻状态，此时，黑表笔所接的为 G 极，红表笔所接的为 K 极，另一端为 A 极。

(2) 单极管的检测

① 判别发射极：将万用表置于 $R\times 100$ 挡，将红、黑表笔分别接单极晶体管任意两极管脚，测读其电阻；接着对调红、黑表笔，测读电阻。若第一次测得的电阻值小，第二次测得的电阻值大，说明第一次测试时黑表笔所接的引脚为 e 极，红表笔所接的引脚为 b 极，另一引脚也是 b 极。e 极对另一个 b 极的测试方法同上。若两次测得的电阻值都一样，为 $2\sim 10\text{ k}\Omega$，那么，这两根引脚都为 b 极，另一根引脚为 e 极。

② 确定 b1 极和 b2 极：将万用表置于 $R\times 100$ 挡，测量 e 极对 b1 极的正向电阻和 e 极对 b2 极的正向电阻，正向电阻稍大一些的是 e 极对 b1 极；正向电阻稍小一些的是 e 极对 b2 极。

4. 三端稳压器的测量

固定式三端稳压器有输入端、输出端和公共端三个引出端。此类稳压器属于串联调整式，除了基准、取样、比较放大和调整等环节外，还有较完整的保护电路。常用的CW78××系列是正电压输出，CW79××系列是负电压输出。根据国家标准，其型号意义如图4.1.18所示。

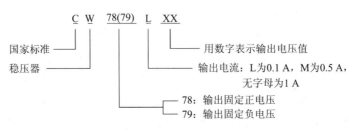

图4.1.18 型号意义

CW78××系列和CW79××系列稳压器的引脚功能有较大的差异，在使用时必须注意。

三端集成稳压器输出电压一般分为5 V、6 V、9 V、12 V、15 V、18 V、20 V、24 V等；输出电流一般分为0.1 A、0.5 A、1 A、2 A、5 A、10 A等。三端集成稳压器输出电流字母表示法如表4.1.5所示。常见的固定式三端集成稳压器外形如图4.1.19所示，引脚排列如图4.1.20所示。

表4.1.5 三端集成稳压器输出电流字母表示法

L	M	（无字）	S	H	P
0.1 A	0.5 A	1 A	2 A	5 A	10 A

图4.1.19 常见的固定式三端集成稳压器外形

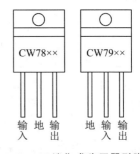

图4.1.20 三端集成稳压器引脚排列

基本操作步骤描述：选好万用表的挡位→判别极性→判别管型→判别性能和质量好坏→整理现场。

① 选好万用表的挡位，将万用表拨至 $R \times 1 \mathrm{k}$ 挡并校零。

② 识别三根引脚时，先假设被测管是三根引脚的稳压二极管，然后将万用表拨至 $R \times 1 \mathrm{k}$ 挡，用黑表笔任接一根引脚，红表笔分别接另两根引脚，测得第一组两个电阻值；黑表笔再换一根引脚用同样的方法测得第二组两个电阻值，再重复此法，获得第三组两个电阻值。在三组数值中，若有一组中的两个电阻值十分接近且为最小，则黑表笔所接的引脚为假设的三端集成稳压器的③脚。

③ 三端集成稳压器与三极管的区别：在找到③脚后，将万用表换到 $R \times 10 \mathrm{k}$ 挡，用红表笔接刚测出的③脚，黑表笔依次接触其余两脚，若测的阻值变得很小，而且比较对称，说明被测的是三根引脚的三端集成稳压器。与此相反，若测得的两阻值虽然较小，但不对称，说明该管为三极管。

实训任务

1. 实训目的

半导体器件的识别与测试训练。

2. 实训器材

有或无标记的好坏二极管（好坏零件各 5 只），有或无标记的好坏三极管（好坏零件各 5 只），万用表。

3. 实训内容

① 首先，测试有标记的二极管的极性、性能及好坏，再测试有标记的三极管的管型、引脚、性能及好坏，将上述测试结果与实际标记相对照。

② 其次，测试无标记的二极管的极性、性能和好坏，再测试无标记的三极管的管型、引脚、性能和好坏。

③ 最后，训练完毕，根据测试的情况写出训练报告。

4. 评分标准

成绩评分标准如表 4.1.6 所示。

表 4.1.6　成绩评分标准

序号	项目内容	评分标准	配分	扣分	得分
1	二极管的识别与测试	不会判别管脚及好坏，扣 25 分 不会识别，扣 25 分	50		
2	三极管的识别与测试	不会判别管脚及好坏，扣 25 分 不会识别，扣 25 分	50		
3	备注	时间：60 min	评分		
		不允许超时	教师签字		

4.2　电子焊接基本操作

学习目标

① 掌握电子焊接工具的使用方法。
② 熟练进行各种电子器件的焊接。

1. 常用电子焊接工具的使用

常用电子焊接工具是指一般专业电工都要使用的常备工具。常用的电子焊接工具有电烙铁、旋具、钢丝钳、尖嘴钳、平嘴钳、斜口钳、镊子等。另外，剥线钳、平头钳、钢板尺、卷尺、扳手、小刀、锥子、针头等也是经常用到的工具。作为一名维修电工，必须掌握这些工具的使用方法。常见电子焊接工具的使用方法如表 4.2.1 所示。

表 4.2.1　常见电子焊接工具的使用方法

图示	结构	使用说明
 外热式电烙铁	外热式电烙铁是由烙铁头、烙铁芯、外壳、木柄、电源引线、插头等部分组成。因为烙铁头安装在烙铁芯里面，所以称为外热式电烙铁	常用的电烙铁有外热式、内热式、恒温式和吸锡式几种，它们都是利用电流的热效应进行焊接工作的

续表

图示	结构	使用说明
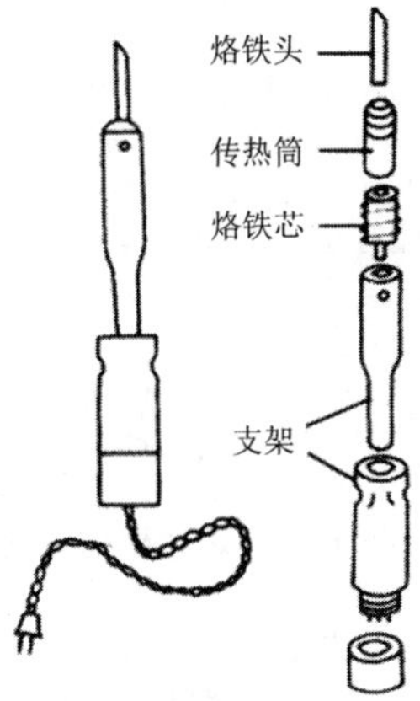 电烙铁结构（烙铁头、传热筒、烙铁芯、支架）	烙铁芯是电烙铁的关键部件，它是将电热丝平行地绕制在一根空心瓷管上，中间用云母片绝缘，并引出两根导线与 220 V 交流电源连接	常用的外热式电烙铁规格有 25 W、45 W、75 W 和 100 W 等。烙铁芯的阻值不同，其功率也不相同。25 W 的电烙铁阻值为 2 kΩ。因此，可以用万用表欧姆挡初步判别电烙铁的好坏及功率的大小
 吸锡电烙铁	吸锡电烙铁是将活塞式吸锡器与电烙铁融为一体的拆焊工具。它具有使用方便、灵活，适用范围广等优点，但不足之处是每次只能对一个焊点进行拆焊	选用电烙铁时，应考虑以下几个方面： ① 焊接集成电路、晶体管及其他受热易损元器件时，应选用 20 W 内热式或 25 W 外热式电烙铁 ② 焊接导线及同轴电缆时，应选用 45～75 W 外热式电烙铁，或 50 W 内热式电烙铁 ③ 焊接圈套的元器件时，如大电解电容器的引线脚、金属底盘接地焊片等，应选用100 W 以上的电烙铁
 恒温电烙铁	恒温电烙铁的电烙铁头内，装有带磁铁式的温度控制器，通过控制通电时间而实现温控	—

089

续表

图示	结构	使用说明
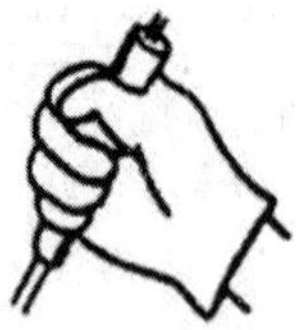 电烙铁握法	反握法就是用五个手指把电烙铁的手柄握在掌内。此法适用于大功率电烙铁，焊接散热量较大的被焊件	① 使用电烙铁前应进行检查。用万用表检查电源线有无短路、断路；电烙铁是否漏电；检查电源线的装接是否牢固；检查螺钉是否松动；检查手柄电源线是否被顶紧；检查电源线套管有无破损 ② 新烙铁在使用前必须进行处理。首先将烙铁头锉成所需的形状，然后接上电源，当烙铁头温度升至可熔化锡时，将松香涂在烙铁头上，再涂上一层焊锡，直至烙铁头的刃面挂上一层锡，便可使用电烙铁，不使用时，不要长期通电，以防损坏电烙铁 ③ 电烙铁在焊接时，最好使用松香焊剂，以保护烙铁头不被腐蚀。电烙铁应放在烙铁架上，轻拿轻放，不要将烙铁上的焊锡乱甩 ④ 更换烙铁芯时要注意引线不要接错，以防发生触电事故
 平嘴钳	平嘴钳的钳口平直，可用于夹弯元器件管脚与导线	—
 电工钢丝钳	电工钢丝钳由钳头和钳柄两部分组成。钳头由钳口、齿口、刀口和铡口四部分组成	电工钢丝钳可用来加工较粗、较硬的导线，也可作为剪切工具使用

续表

图示	结构	使用说明
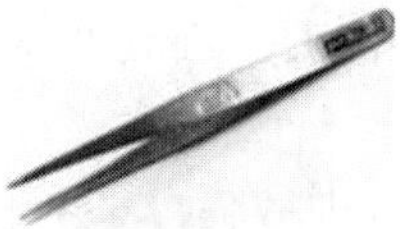 尖嘴镊子	尖嘴镊子用于夹持较细的导线,以便装配焊接。圆嘴镊子用于弯曲元器件引线和夹持元器件焊接(有利于散热)等	镊子分尖嘴镊子和圆嘴镊子两种。使用时要常修整镊子的尖端,保持对正吻合;用镊子时,用力要轻,避免划伤手部
 旋具	旋具又称为旋凿或起子,它是紧固或拆卸螺钉的工具,有木质柄、透明塑料柄、葫芦形橡胶手柄等	一字形旋具常用规格有 50 mm、100 mm、150 mm 和 200 mm 等,电工必备的是 50 mm 和 150 mm 两种;十字形旋具专供紧固和拆卸十字槽的螺钉,常用的规格有 Ⅰ、Ⅱ、Ⅲ、Ⅳ 四种
  剥线钳 剪刀	剥线钳、钢板尺、卷尺、扳手、小刀、剪刀、锥子、针头等也是经常用到的工具	
 焊料	焊料是指在焊接中起连接作用的金属材料,它的熔点比被焊物的熔点低,而且易于与被焊物连为一体。焊料按组成成分划分,有锡铅焊料、银焊料、铜焊料;熔点在 450 ℃ 以上的称为硬焊料;熔点在 450 ℃ 以下的称为软焊料	在电子产品装配中,一般都选用锡铅系列焊料,也称焊锡。其形状有片状、带状、球状、丝状等几种。焊锡在 180 ℃ 时便可熔化,使用 25 W 外热式或 20 W 内热式电烙铁便可以进行焊接。它具有一定的机械强度、导电性能、抗腐蚀性能良好,对元器件引线和其他导线的附着力强,不易脱落。常用的是焊锡丝,在其内部夹有固体焊剂松香。焊锡丝的直径有 1.5 mm、2 mm、3 mm、4 mm 等规格
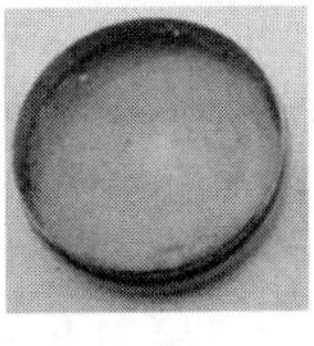 焊剂	松香酒精焊剂的优点是没有腐蚀性,具有高绝缘性和长期的稳定性及耐湿性。电子线路中的焊接通常采用松香、松香酒精焊剂	用焊剂去除焊件表面的氧化物和杂质。焊剂也能防止焊件在加热过程中被氧化,以及把热量从烙铁头快速地传递到被焊物上,使预热的速度加快

2. 焊接工艺

（1）焊接的技术要求

焊接的质量直接影响整机产品的可靠性与质量。因此，在锡焊时，必须做到以下几点：

① 焊点的机械强度要满足需要。为了保证足够的机械强度，一般采用把被焊元器件的引线端子打弯后再焊接的方法，但不能用过多的焊料堆积，防止造成虚焊或焊点之间短路。

② 焊接可靠，保证导电性能良好。为保证有良好的导电性能，必须防止虚焊。

③ 焊点表面要光滑、清洁。为使焊点美观、光滑、整齐，不但要有熟练的焊接技能，而且要选择合适的焊料和焊剂，否则将出现表面粗糙、拉尖、棱角现象。烙铁的温度也要适当。

（2）焊接方法及步骤

基本操作步骤描述：焊接前的准备→清除元件并搪锡→焊接→检查→整理现场。

焊接方法及步骤如表 4.2.2 所示。

表 4.2.2　焊接方法及步骤

名称	图示	操作方法	操作说明
焊接前的准备	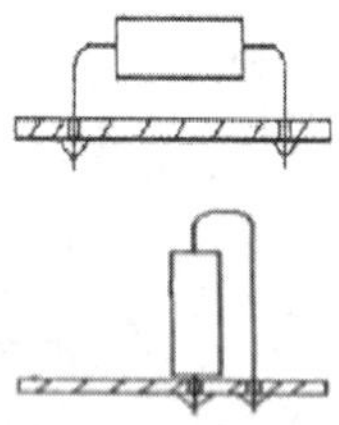	元器件引线加工成型：元器件在印制板上的排列和安装方式有两种，一种是立式，另一种是卧式。引线的跨距应根据元器件尺寸优选 2.5 的倍数	加工时，注意不要将引线齐根弯折，需用工具保护引线的根部，以免损坏元器件
	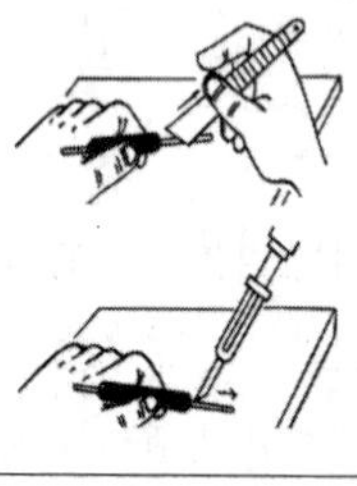	元器件引线表面会产生一层氧化膜，影响焊接。要先清除氧化层再搪锡（镀锡）	除少数元器件有银、金镀层的引线外，大部分元器件引脚在焊接前必须搪锡

续表

名称	图示	操作方法	操作说明
焊接	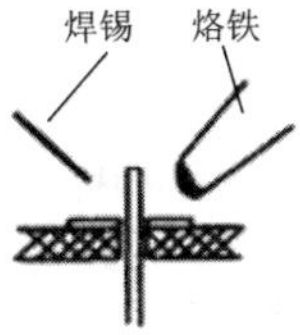	准备：焊接前的准备工作是检查电烙铁，电烙铁要良好接地，而且导线无破损，连接牢固。烙铁头要保持清洁，能够挂锡并使电烙铁通电加热	焊接具体操作的五步法：准备、加热、送锡、撤锡、撤烙铁。对于小热容量焊件而言，整个焊接过程不超过 2～4 s
	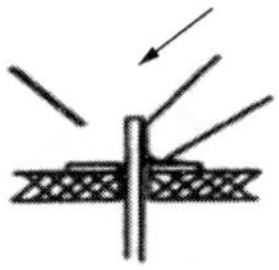	加热：加热是指加热被焊件引线及焊盘。加热时要保证元器件引线及焊盘同时加热，同时达到焊接温度	电烙铁头加热要沿 45°方向紧贴元器件引线并与焊盘紧密接触
		送锡：送焊锡丝是控制焊点大小的关键一步，送锡过程要观察焊点的形成过程，控制送锡量	焊锡丝应从烙铁的对侧加入，而不是直接加在烙铁头上
		撤锡：当焊盘上形成适中的焊点后，要将焊锡丝及时撤离	撤离时速度要快
		撤离电烙铁：撤离电烙铁要先慢后快，否则焊点收缩不到位容易形成拉尖	撤离方向也要与焊盘成 45°夹角
焊接操作方法	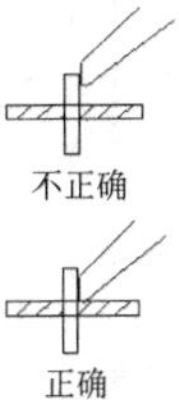 不正确 正确	采用正确的加热方法：根据焊件形状选用不同的烙铁头，尽量要让烙铁头与焊件形成面接触而不是点接触或线接触，这样能大大提高效率	不要用烙铁头对焊件施力，这样会加速烙铁头的损耗，造成元件损坏

续表

名称	图示	操作方法	操作说明
焊接操作方法	(①烙铁头焊锡工件；②向上撤离；③焊锡挂在烙铁头上；④烙铁头吸除焊锡；⑤烙铁头上不挂锡)	采用正确的撤离烙铁方式，烙铁撤离要及时。① 烙铁轴向45°撤离；② 向上撤离拉尖；③ 水平方向撤离；④ 垂直向下撤离、烙铁头吸除焊锡；⑤ 垂直向上撤离，烙铁头上不挂锡	加热要靠焊锡桥。就是靠烙铁上保留的少量焊锡作为加热时烙铁头与焊件之间传热的桥梁，但作为焊锡桥的锡保留量不可过多
	 (过多、过少示意图)	焊锡量要合适。焊锡量过多容易造成焊点上焊锡堆积并造成短路，且浪费材料；焊锡量过少，容易焊接不牢，使焊件脱落	焊锡凝固前不要使焊件移动或振动，不要使用过量的焊剂和用已热的烙铁头作为焊料的运载工具
导线同接线端子的焊接	(绕焊示意图)	绕焊：把经过镀锡的导线端头在接线端子上缠一圈，用钳子拉紧缠牢后进行焊接。这种焊接可靠性最好	导线与接线端子、导线与导线之间的焊接有三种基本形式：绕焊、钩焊和搭焊
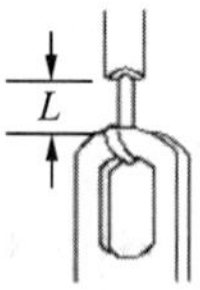	(钩焊示意图)	钩焊：将导线端弯成钩形，钩在接线端子上并用钳子夹紧后焊接	这种焊接操作简便，但强度低于绕焊
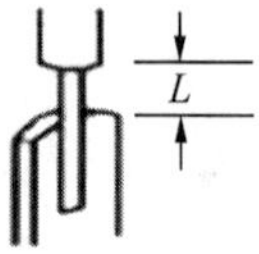	(搭焊示意图)	搭焊：把镀锡的导线端搭到接线端子上施焊	此种焊接最简便但强度、可靠性最差，仅用于临时连接等

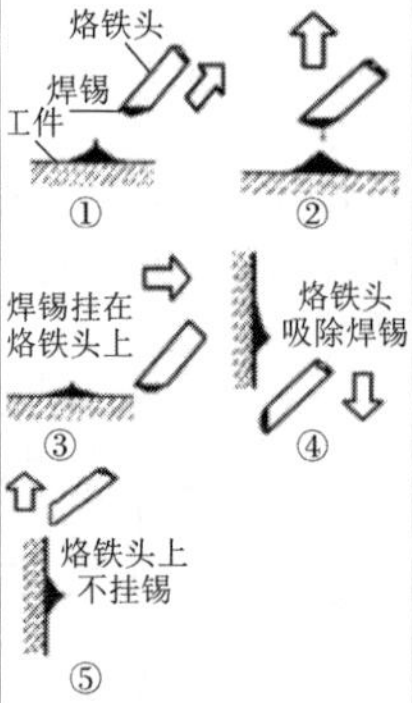

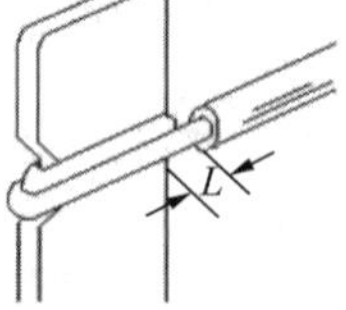

续表

名称	图示	操作方法	操作说明
导线与导线的焊接	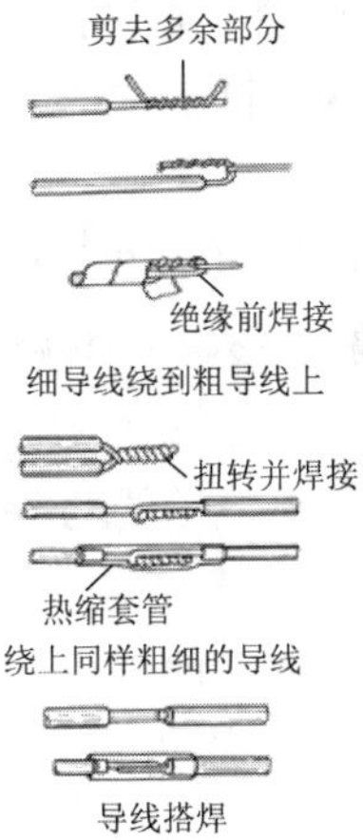 剪去多余部分 绝缘前焊接 细导线绕到粗导线上 扭转并焊接 热缩套管 绕上同样粗细的导线 导线搭焊	导线之间的焊接以绕焊为主，操作步骤如下：① 去掉一定长度的绝缘层；② 端头上锡，并套上合适的绝缘套管；③ 绞合导线，施焊；④ 趁热套上套管，冷却后套管固定在接头处	对调试或维修中的临时线，也可采用搭焊的方法
空心铆钉板上焊接	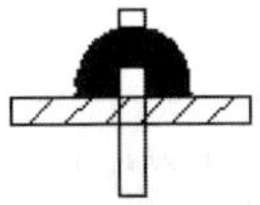 直角插焊 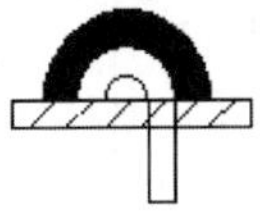 弯角插焊	在空心铆钉板上焊接铜丝（50个铆钉），先清除空心铆钉表面氧化层和铜丝表面氧化层，然后镀锡，并在空心铆钉上（直插、弯插）焊接	焊点要圆润、光滑，焊锡适中，没有虚焊。剥导线绝缘层时，不要损伤铜芯。导线连接方法要正确、牢靠

实训任务

1. 实训目的

焊接基本功训练。

2. 实训器材

所用工具：电烙铁，20 W，1把；尖嘴钳，150 mm，1把；斜口钳，150 mm，1把；镊子，1只。

所用材料：含有50个空心铆钉的板子两块；含有100个孔的印制电路板两块；单股及多股铜导线若干；各种焊接片、绝缘套管若干。

3. 实训内容

① 在空心铆钉板的铆钉上焊接圆点（50 个铆钉）。先清除空心铆钉表面氧化层，然后在空心铆钉板各铆钉上焊上圆点。

② 在空心铆钉板上焊接铜丝（50 个铆钉）。先清除空心铆钉表面氧化层，清除铜丝表面氧化层，然后镀锡，并在空心铆钉上（直插、弯插）焊接。

③ 在印制电路板上焊接铜丝（100 个孔），在保持印制电路板表面干净的情况下，清除铜丝表面氧化层，然后镀锡并在印制电路板上焊接。

④ 用若干单股短导线，剥去导线端子绝缘层，练习导线与导线之间的焊接。

⑤ 用单股及多股导线和焊接片练习导线与端子之间的绕焊、钩焊与搭接。

4. 评分标准

成绩评分标准如表 4.2.3 所示。

表 4.2.3　成绩评分标准

序号	项目内容	评分标准	配分	扣分	得分
1	铆钉板上焊接圆点	虚焊、焊点毛糙，每点扣 1 分	10		
2	铆钉板上焊接铜丝	虚焊、焊点毛糙，每点扣 1 分	10		
3	印制电路板上焊接铜丝	虚焊、焊点毛糙，每点扣 1 分	20		
4	导线与导线的焊接	虚焊、焊点毛糙，每点扣 1 分 导线连接不正确，每处扣 3 分	25		
5	导线和焊接片的焊接	虚焊、焊点毛糙，每点扣 3 分	25		
6	安全、文明生产	每一项不合格扣 5～10 分	10		
7	备注	时间：120 min 不允许超时	评分 教师签字		

4.3 常用电子仪器仪表的使用

4.3.1 直流稳压电源的使用

学习目标

① 了解直流稳压电源的基本结构和主要技术指标。
② 掌握 VD1710-3A 型直流稳压电源的使用方法。

直流稳压电源的种类和型号繁多,电路结构多种多样。特别是开关稳压电源,不断向高频、高可靠性、低能耗、低噪声、抗干扰和模块化方向发展。实验室所用的直流稳压电源,从输出形式上一般分为单路、双路和多路。无论直流稳压电源怎样发展变化,各种直流稳压电源的基本使用方法都大同小异。下面以 VD1710-3A 型直流稳压电源为例简要介绍它的使用方法。

1. 直流稳压电源的性能指标

在使用直流稳压电源之前,应充分了解其主要性能指标。VD1710-3A 型直流稳压电源的主要性能指标如表 4.3.1 所示。

表 4.3.1 VD1710-3A 型直流稳压电源的主要性能指标

名称	数据	名称	数据
输出电压	2×32 V 连续可调	负载效应	电压：$\leqslant$ (0.5+2) mV 电流：$\leqslant$20 mA
输出电流	2×3 A 连续可调	纹波及噪声	电压：$\leqslant$1 mV 电流：$\leqslant$1 mA
输入电源电压	220 V±10% 50 Hz±4%	相互效应	电压：$\leqslant$ (0.05+1) mV 电流：$\leqslant$0.5 mA

2. 直流稳压电源的外形结构

VD1710-3A 型直流稳压电源的面板结构和各部件功能介绍如图 4.3.1 所示。

编号	功能说明	编号	功能说明
1	电源开关	9	跟踪模式选择按钮
2、8	Ⅰ、Ⅱ路输出电压、电流选择按钮	11、14	Ⅰ、Ⅱ路输出"＋"端口
3、7	Ⅰ、Ⅱ路电压调节旋钮	10、13	Ⅰ、Ⅱ路输出"－"端口
4、6	Ⅰ、Ⅱ路电流调节旋钮	12	接地端
5	Ⅰ、Ⅱ路电压、电流输出显示	—	—

图 4.3.1　VD1710-3A 型直流稳压电源的面板结构

3. 直流稳压电源的使用

① 将电源开关置于"ON"位置，接通交流电源，指示灯亮。

② 调节"VOLTS"和"CURRENT"至所需的电压和电流值。

③ 根据外部负载电源的极性，正确连接电源输出端的"＋"端和"－"端。

④ 跟踪模式：将"MODE"按下，在Ⅰ路输出负端、接地端和Ⅱ路输出正端之间加一短接线，整机即工作在主-从跟踪状态。

4. 注意事项

① 使用时应先调整到需要的电压后，再接入负载。

② 散热风扇位于机器的后部，应留有足够的空间，有利于机器散热。

③ 使用完毕，应将面板上各旋钮、开关的位置复原，最后切断电源开关避免输出端短路。

实训任务

1. 实训目的

① 掌握直流稳压电源的使用方法。

② 测定稳压电路输出指标。

2. 实训器材

VD1710-3A 型直流稳压电源，VD2173 型交流毫伏表，万用表。

3. 实训内容

安装并调试直流稳压电源 12 V、1 W，参数如下：

输出电压范围：DC 10～14 V；

输入电压范围：AC 198～242 V；

电压调整率：＞30%；

输出纹波电压：＜20 mV。

4. 评分标准

评分标准如表 4.3.2 所示。

表 4.3.2 评分标准

序号	项目内容	评分标准	配分	扣分	得分
1	调节稳压输出 DC10 V、DC12 V	误差在 0.1 V，超过误差，每次扣 5 分	10		
2	调节稳压输出 DC10.5 V、DC12.5 V	误差在 0.1 V，超过误差，每次扣 5 分	10		
3	调节稳压输出 DC5.5 V、DC7.5 V	误差在 0.1 V，超过误差，每次扣 10 分	20		
4	调节稳压输出 DC8.5 V、DC8.6 V、DC8.8 V、DC9.5 V、DC9.8 V	误差在 0.1 V，超过误差，每次扣 5 分	25		
5	调节稳压输出 DC11.5 V、DC11.6 V、DC11.8 V、DC12.8 V	误差在 0.1 V，超过误差，每次扣 5 分	25		
6	安全、文明生产	每一项不合格扣 5～10 分	10		
7	备注	时间：20 min 不允许超时	评分 教师签字		

4.3.2 函数信号发生器的使用

学习目标

① 了解函数信号发生器的基本结构和主要技术指标。
② 掌握 VD1641 型函数信号发生器的使用方法。

信号发生器是电子测量系统不可缺少的重要设备。它的功能是产生测量系统所需的不同频率、不同幅度的各种波形信号，这些信号主要用来测试、校准和检修设备。信号发生器可以产生方波、三角波、锯齿波、正弦波、正负脉冲信号等，其输出信号的幅值可按需要进行调节。下面以 VD1641 型函数信号发生器为例简要介绍它的使用方法。

1. 函数信号发生器的性能指标

VD1641 型函数信号发生器能产生正弦波、方波、三角波、脉冲波、锯齿波等波形信号。频率范围宽，可达 2 MHz，具有直流电平调节、占空比调节、VCF 功能等。频率显示分数字显示和频率计显示，频率计可外测。VD1641 型函数信号发生器的主要性能指标如表 4.3.3 所示。

表 4.3.3 VD1641 型函数信号发生器的性能指标

名称	数据	名称	数据
波形	正弦波、方波、三角波、脉冲波、锯齿波等	占空比	10%～90% 连续可调
频率	0.2 Hz～2 MHz	输出阻抗	50 Ω±10%
显示	4 位数显	正弦失真	≤2%(20 Hz～20 kHz)
频率误差	±1%	方波上升时间	≤5 ns
幅度	1 mV～25 V_{P-P}	TTL 方波输出	≥3.5 V_{P-P} 上升时间≤25 ns
功率	≥3 W_{P-P}	外电压控制扫频	输入电平 0～10 V
衰减器	0 dB、−20 dB、−40 dB、−60 dB	输出频率	1∶100
直流电平	−10 V～+10 V	—	—

2. 函数信号发生器的外形结构

VD1641型函数信号发生器的面板结构如图4.3.2所示。

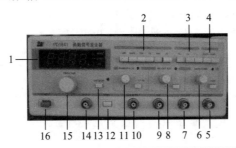

编号	名称	功能
1	显示屏	4位数显示频率
2	分挡开关（RANGE-Hz）	10 Hz~2 MHz（分六挡选择）
3	功能开关（FUNCTION）	选择输出波形
4	衰减器（ATT）	开关按入时衰减30 dB
5	输出端（OUT PUT）	波形输出端
6	幅度（AMPLITUDE）	幅度可调
7	TTL输出端（TTL OUT）	TTL电平输出端
8	直流电平偏移调节（DC OFF SET）	当开关拉出时：直流电平为－10 V~＋10 V连续可调 当开关按入时：直流电平为零
9	控制电压输入端（VCF）	把控制电压从VCF端输入，则输出信号频率将随输入电压值而变化
10	单次脉冲输出端（OUT SPSS）	单次脉冲输出
11	占空比调节（RAMP/PULSE）	当开关按入时：占空比为50%； 当开关拉出时：占空比在10%至90%范围内连续可调，频率为指示值÷10
12	单次脉冲开关（SPSS）	单次脉冲开关
13	测频方式选择按键（OUTSIDE）	测频方式（内/外）
14	输入端（IN PUT）	外测频输入
15	频率微调（FREQ VAR）	频率覆盖范围10倍
16	电源开关（POWER）	按下此键时，电源打开

图4.3.2 VD1641型函数信号发生器的面板结构

3. 函数信号发生器的使用

① 将仪器接入交流电源，按下电源开关。

② 按下所需波形的功能开关。

③ 当需要脉冲波和锯齿波时，拉出并转动占空比调节开关，调节占空比，此时频率为指示值÷10，其他状态时关掉。

④ 当需要小信号输入时，按入衰减器。

⑤ 调节幅度至需要的输出幅度。

⑥ 调节直流电平偏移至需要设置的电平值，其他状态时关掉，直流电平将为零。

⑦ 当需要 TTL 信号时，从脉冲输出端输出，此电平将不随功能开关改变。

4. 使用函数信号发生器时的注意事项

① 把仪器接入交流电源之前，应检查交流电源是否和仪器所需要的电源电压相适应。

② 仪器需预热 10 min 后方可使用。

③ 不能将大于 10 V（DC＋AC）的电压加至输出端、单次脉冲输出端和控制电压输入端。

实训任务

1. 实训目的

① 掌握函数信号发生器的使用方法。

② 测定函数信号发生器的输出指标。

2. 实训器材

VD1641 型函数信号发生器，V-252 双踪示波器。

3. 实训内容

利用示波器观测信号的电压随时间的变化，需调节函数信号发生器旋钮至输出如图 4.3.3 所示的波形。

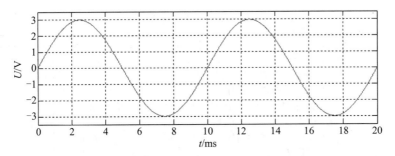

(a) 函数信号发生器CH1通道产生的正弦信号3sin(200πt)的波形

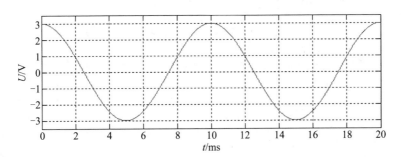

(b) 函数信号发生器CH2通道产生的余弦信号3cos(200πt)的波形

图 4.3.3 输出波形

4. 评分标准

评分标准如表 4.3.4 所示。

表 4.3.4 评分标准

序号	项目内容	评分标准	配分	扣分	得分
1	操作技巧	① 准确使用函数信号发生器的各个按钮和旋钮，正确进行操作（5分） ② 能够快速调节函数信号发生器输出信号的周期、电压和波形参数（5分） ③ 能够根据要求设置函数信号发生器的功能和模式（10分） ④ 能够识别并解决一些常见函数信号发生器操作问题（10分）	30		
2	仪器连线	① 能够正确连接函数信号发生器和示波器，保证信号线路通畅（10分） ② 能够连接函数信号发生器的地线，消除干扰（10分）	20		
3	输出波形设置	① 能够按照给出的参数要求，正确设置函数信号发生器输出的时间、电压和波形参数（20分） ② 能够调整输出波形的波形和电压大小，使信号达到预定要求（20分）	40		
4	安全、文明生产	每一项不合格扣 5～10 分	10		
5	备注	时间：120 min 不允许超时	评分 教师签字		

4.3.3 交流毫伏表的使用

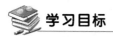学习目标

① 了解交流毫伏表的基本结构和主要技术指标。
② 掌握 VD2173 型双通道交流毫伏表的使用方法。

毫伏表的种类、型号较多，但使用方法大同小异。下面以 VD2173 型双通道交流毫伏表为例，介绍毫伏表的使用方法。

VD2173 型双通道交流毫伏表属于放大-检波式电压表，表头指示

出正弦波电压的有效值。该表包含两组性能相同的集成电路及晶体管，组成高稳定度的放大电路和表头指示电路，其表头采用同轴双指针式结构，可十分清晰、方便地进行双路交流电压的比较和测量。

1. 交流毫伏表的主要性能

VD2173 型双通道交流毫伏表的主要性能指标如表 4.3.5 所示。

表 4.3.5　VD2173 型双通道交流毫伏表的主要性能指标

名称	数据
测量电压范围	100 μV～300 V
测量电平范围	−60～50 dB
测量电压的频率范围	10 Hz～2 MHz
电压误差	±3%
频率响应误差	频率为 20 Hz～100 kHz 时，其响应误差不大于±3%；频率为 10 Hz～2 MHz 时，其响应误差不大于±8%

2. 交流毫伏表的外形结构

VD2173 型双通道交流毫伏表的面板结构如图 4.3.4 所示。

图 4.3.4　VD2173 型双通道交流毫伏表的面板结构

3. 交流毫伏表的使用

① 接通电源前先检查表针机械零点是否为零，若不为零，则要进行机械调零，使指针指示在左端零刻度线上。

② 打开电源开关，电源指示灯亮。

③ 将信号输入线的信号端和接地端短接，校正调零，使指针指到零位。

④ 调整量程旋钮，选择适当的测量量程。

⑤ 将信号输入线的信号端接到电路板的被测点上，而信号输入线的接地端接到电路板的地线上。

⑥ 读数。读数注意事项如下：

a. 读数时应与量程结合读取数值。标有 0～10 数值的第一条刻度线，适用于 1 V、10 V、100 V 量程；标有 0～3 数值的第二条刻度线，适用于 3 V、30 V、300 V 量程。

b. 满度时等于所选量程的值。例如，所选量程为 30 mV，满度时所测量电压值为 30 mV。

c. 第三条刻度线用来测量电平分贝（dB）值，测量值用指针读数与量程值的代数和来表示，即测量值＝量程＋指针读数。例如，量程选 10 dB，若测量时指针在－4 dB 位置，则测量值为 10 dB＋(－4 dB)＝6 dB。

4. 注意事项

① 接通电源及转换输入量程时，由于电容的放电过程，指针有所晃动，需待指针稳定后才可读数。

② 测量时若出现读数太小或超过刻度范围的情况，应改选量程（量程选择的原则是尽量使指针在全刻度的 2/3 左右处读数）。每转换一个量程必须重新校正调零。

③ 在不知所测电压的大小时，应先选择最大量程，然后逐渐减小到合适的量程。

④ 毫伏表的表盘值是按正弦波有效值设置刻度的，故不能测量非正弦交流电压。

⑤ 当量程开关置于毫伏挡时，应避免用手触及输入端。接线次序是先接地端，后接非地端；拆线次序是先拆非地端，后拆接地端。

⑥ 测量结束，应将信号输入端和接地端进行短接，或将量程开关拨到较大量程，以避免外界感应电压输入而损坏毫伏表。

实训任务

1. 实训目的

① 掌握交流毫伏表的使用方法。

② 测定放大电路的动态性能指标。

2. 实训器材

单管低频放大电路板，VD2173 型交流毫伏表，VD1710-3A 型直流稳压电源，VD1641 型函数信号发生器。

3. 实训内容

① 对毫伏表调零后，接通电源，预热待用。

② 将放大电路板、稳压电源、低频信号源按如图 4.3.5 所示的结构进行连接，确认无误后，接通电源，观察毫伏表指针的偏转情况。若指针偏转角超过量程，则需调节低频信号发生器的输出电压幅度或更换毫伏表的量程。

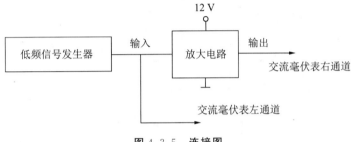

图 4.3.5　连接图

③ 各仪器的参数参考值。

a. 低频信号发生器：输出频率为 1 kHz，输出电压为 1~2 mV。

b. 稳压电源：12 V。

c. 交流毫伏表：左通道量程为 3 mV，右通道量程为 1~3 V。

④ 观测毫伏表的指针，按要求填写表 4.3.6。

表 4.3.6　放大电路动态性能测试

测试条件		测量数据		由测试值计算
C_E	R_L	U_i/mV	U_o/V	$A_u = U_o/U_i$
接入	∞			
接入	接入			
断开	接入			

4. 评分标准

评分标准如表 4.3.7 所示。

表 4.3.7　评分标准

序号	项目内容	评分标准	配分	扣分	得分
1	操作技巧	① 准确使用交流毫伏表的各个按钮和旋钮，正确进行操作（5分） ② 能够快速调节交流毫伏表的挡位（5分） ③ 能够根据交流毫伏表的挡位快速读出电压值（10分） ④ 能够识别并解决一些常见交流毫伏表的操作问题（10分）	30		
2	仪器连线	① 能够正确连接信号源和交流毫伏表，保证信号线路通畅（10分） ② 能够连接交流毫伏表的地线，消除干扰（10分）	20		
3	参数读取	① 能够正确设置交流毫伏表的挡位，以便观测信号的电压值（10分） ② 能够调整交流毫伏表的挡位使得指针保持在1/3至2/3表盘处（10分） ③ 能够清晰、准确地观测表盘上的读数，并进行相关读数（20分）	40		
4	安全、文明生产	每一项不合格扣5~10分	10		
5	备注	时间：120 min 不允许超时	评分 教师 签字		

4.3.4　示波器的使用

学习目标

① 了解示波器的作用和特点。
② 熟悉 V-252 双踪示波器各旋（按）钮的作用。
③ 掌握 V-252 双踪示波器的使用方法。

1. 示波器的作用

在实际测量中，大多数被测量的电信号都是随时间变化的函数，可以用时间的函数来描述。示波器就是一种能把随时间变化的、抽象的电信号用图像来显示的综合性电信号测量仪器，可以测量电信号的电压幅度、频率、周期、相位等电量，示波器与传感器配合还能完成对温度、速度、压力、振动等非电量的检测。所以，示波器已成为一种直观、通用、精密的测量工具，被广泛地应用于科学研究、工程实验、电工电子、仪器仪表等领域，对电量及非电量进行测试、分析、监视。

2. 示波器的特点

① 能将肉眼看不到的、抽象的电信号用具体的图形表示，使之便于观察、测量和分析。

② 波形显示速度快，工作频率范围宽，灵敏度高，输入阻抗高。

③ 利用电路存储功能，可以观察瞬变的信号。

④ 与传感器配合，可以观察非电量的变化过程。

⑤ 一般来说，示波器体积较大，不便于携带。现在也有一种类似于数字式万用表体积大小的示波表，但其功能并不齐全。

3. 示波器的使用

能在同一屏幕上同时显示两个被测波形的示波器称为双踪示波器。要在一个示波器的屏幕上同时显示两个被测波形，一般有两种方法：一种方法是采用双线示波管，即要有两个电子枪、两套偏转系统的示波管；另一种方法是将两个被测信号用电子开关控制，不断交替地送入普通示波管中进行轮流显示。只要轮换的速度足够快，由于示波管的余晖效应和人眼的视觉残留作用，屏幕上就会同时显示出两个波形的图像，通常将采用这种方法的示波器称为双踪示波器。本书以 V-252 双踪示波器为例介绍示波器的使用，该机操作方便、性价比较高，在市场上有较大的占有量。

(1) V-252 双踪示波器的面板结构

V-252 双踪示波器的面板结构如图 4.3.6 所示。

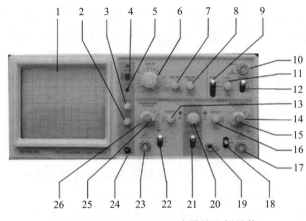

图 4.3.6　V-252 双踪示波器的面板结构

（2）V-252 双踪示波器各部件功能介绍

① 电源控制部分。电源控制部分各部件功能介绍如表 4.3.8 所示。

表 4.3.8　电源控制部分各部件功能

编号	名称	功能
1	显示屏	显示波形
4	电源开关（POWER）	当按下此键时，电源开，且 LED 发光

② 电子束控制部分。电子束控制部分各部件功能如表 4.3.9 所示。

表 4.3.9　电子束控制部分各部件功能

编号	名称	功能
2	聚焦（FOCUS）	调节波形线条的粗细，使波形最细、最清晰
3	辉度（INTENSITY）	调节电子束的强度，控制波形的亮度。顺时针调节时亮度增大
5	光迹旋转（TRACE ROTATION）	调整水平基线倾斜度，使之与水平刻度重合

③ 垂直（信号幅度）控制部分。垂直（信号幅度）控制部分各部件功能如表 4.3.10 所示。

表 4.3.10　垂直（信号幅度）控制部分各部件功能

编号	名称	功能
13、16	垂直位移（POSITION）	调节基线垂直方向上的位置。当 CH2 通道拉出此旋钮时，CH2 的信号被反相
14、26	垂直微调	垂直电压微调、校准。校准时，应顺时针旋到底。拔出时，垂直灵敏度扩大 5 倍
15、25	垂直衰减调节（VOLTS/DIV）	信号电压幅度调节，使波形在垂直方向得到合适的显示，从 5 mV/格～5 V/格分 10 挡，可以分别控制 CH1 和 CH2 通道
17、23	CH1、CH2 输入	信号输入，接探头
18、22	输入信号耦合方式选择	AC：只输入交流信号； DC：交直流信号一起输入； 接地：将输入端短路，适用于基线的校准
20	垂直工作模式选择（MODE）	CH1、CH2：此时单独显示 CH1 或 CH2 的信号； ALT：交替显示方式，用于观测较高频率的信号； CHOP：断续显示方式，用于观测低频信号； ADD：两个信道的信号叠加显示

④ 水平（时基）控制部分。水平（时基）控制部分各部件功能如表 4.3.11 所示。

表 4.3.11　水平（时基）控制部分各部件功能

编号	名称	功能
6	水平扫描时间系数调节（TIME/DIV）	调节水平方向上每格所代表的时间。可在 0.2 μs/格～0.2 s/格范围内调节，共 19 挡
7	扫描微调控制（SWP VAR）	水平扫描时间微调、校准。校准时，应顺时针旋到底
8	水平位移（POSITION）	调节波形在水平方向的位置。此旋钮拔出后处于扫描扩展状态，为×10 扩展，即水平灵敏度扩大 10 倍

⑤ 触发控制部分。触发控制部分各部件功能如表 4.3.12 所示。

表 4.3.12 触发控制部分各部件功能

编号	名称	功能
9	触发方式选择（MODE）	自动（AUTO）：扫描电路自动进行扫描，无输入信号时，屏幕上仍可显示时间基线，适用于初学者，长时间不用时，为保护荧光屏，应调低亮度； 常态（NORM）：有触发信号才能扫描，即当没有输入信号时，屏幕无亮线； 视频-行（TV-H）：用于观测视频-行信号； 视频-场（TV-V）：用于观测视频-场信号
10	外触发信号输入端（TRIG IN）	当触发源置于外接时，由此输入触发信号
11	触发电平/触发极性选择开关（LEVEL）	触发电平调节（同步调节），使扫描与被测信号同步，其作用是使波形稳定； 极性开关用来选择触发信号的极性，（拉出）拨在"+"位置时上升沿触发，拨在"-"位置时下降沿触发
12	触发源选择（SOURCE）	内触发（INT）：以内部信号作为触发信号，由 INT TRIG 开关（内部触发信号源选择开关）来选择； 电源（LINE）：使用电源频率信号为触发信号； 外接（EXT）：此时需要外部输入触发信号
21	内部触发信号源选择开关（INT TRIG）	CH1：以 CH1 的输入信号作为触发源； CH2：以 CH2 的输入信号作为触发源； VERT MODE：分别以交替的 CH1 和 CH2 两路信号作为触发信号源

⑥ 其他。其他部件功能如表 4.3.13 所示。

表 4.3.13 其他部件功能

编号	名称	功能
19	示波器接地	接大地
24	校准信号	此处是由示波器本身所产生的一个幅度为 0.5 V、频率为 1 kHz 的方波信号，供示波器的探头补偿校准用

4. 示波器的测量方法

（1）示波器扫描基线的获得（以 CH1 通道为例）

① 开机。按下电源开关，指示灯亮。

② 将垂直通道的工作方式设为 CH1，且将 CH1 的输入耦合方式设为接地（GND）。

③ 将辉度旋钮调大（顺时针调节）。

④ 将触发方式设为自动，此时应该出现扫描基线，如图 4.3.7 所示。若此时未出现基线，则可以尝试下一步操作。

图 4.3.7　调节扫描基线

⑤ 调节垂直位移，找出扫描基线且调节旋钮使基线与水平轴重合。若基线与 X 轴只能相交不能重合，则可以尝试下一步操作。

⑥ 调节光迹旋转，使基线与水平轴重合。

⑦ 调节聚焦使水平基线最清晰（最细小）。

经过以上操作，能在屏幕上得到一条最清晰的水平扫描基线，示波器使用的第一步完成。

（2）示波器的校准

① 探头如图 4.3.8 所示。

注意　当衰减开关拨到×1 时，垂直方向上每格的电压值为指示值；若拨到×10 时，垂直方向上每格的电压值为指示值×10。

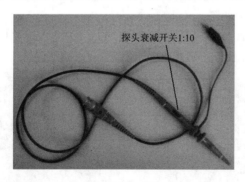

图 4.3.8　探头

② 将探头接示波器端，探头插入端口且顺时针旋转方能正确连接。

③ 接上示波器的校准信号。

④ 适当调节"电压/格""时间/格",分别关闭 CH1 的电压微调和时间微调,即将微调旋钮顺时针旋到底。

⑤ 得到校准信号波形,如图 4.3.9 所示。

图 4.3.9　校准信号波形

(3) 注意事项

① 示波器是一种精密仪器,应避免剧烈震动和置于强磁场中。

② 检查电源电压是否合乎要求,本仪器要求电源电压为 220 V、50 Hz。

③ 不可将光点和扫描线调得过亮,以免在荧光屏上留下黑斑。

④ 输入端电压应不超过示波器的最大允许电压。

⑤ 不要随意调节面板上的开关和旋钮,以避免开关和旋钮失效。

⑥ 测量高电压时,严禁用手直接接触被测量点,以免触电。

(4) 直流电压的检测

① 测量对象:9 V 层叠电池的电压。

② 获得正确的扫描基线。输入耦合方式选择 DC。

③ 探头接法如图 4.3.10 所示。

④ 关闭垂直微调(顺时针旋到底),合理选择"电压/格"旋钮,使波形在荧光屏上处于适中位置,如图 4.3.11 所示。

图 4.3.10　探头接法　　　　图 4.3.11　调为 5 V/格

⑤ 此时得到的测量波形如图 4.3.12 所示。

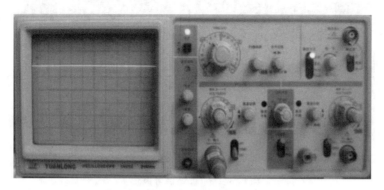

图 4.3.12　测量波形

根据图 4.3.12 读出参数：
电压＝垂直格数×伏特/格＝1.8 格×5 V/格＝9 V

（5）正弦交流信号的检测

① 测量对象：正弦波信号发生器的输出端。

② 正确选择"电压/格"和"时间/格"。

③ 波形不同步（图 4.3.13），其原因可能为：触发源选得不对；触发电平调得不合适。首先检查触发源是否与输入通道一致（CH1 或 CH2），其次调节触发系统的同步电平。

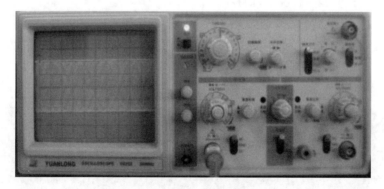

图 4.3.13　波形不同步

④ 经调节，得到稳定的正弦信号波形，如图 4.3.14 所示。

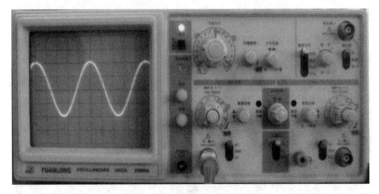

图 4.3.14　正弦信号波形

波形参数的读取：根据 $U_{P-P}=$ 垂直格数×伏特/格，有

$U_{P-P}=4×0.2=0.8$（V）

$U_{有}=U_{P-P}÷2×0.707=0.8÷2×0.707≈0.283$（V）

周期 $T=$ 水平格数×时间/格 $=4.6×0.2=0.92$（ms）

正半周 $T_H=$ 正半周所占水平格数×时间/格

　　　　$=2.3×0.2=0.46$（ms）

负半周 $T_L=$ 负半周所占水平格数×时间/格

　　　　$=2.3×0.2=0.46$（ms）

因频率 $f=1/T$，则有

$f=1/0.92≈1.087$（kHz）

（6）双踪显示（目的：计算两个信号的相位差）

① 测量对象：同频率的两个正弦信号。

② 将 CH1 接信号 1，CH2 接信号 2，调节各旋钮，得两信号如图 4.3.15 所示。

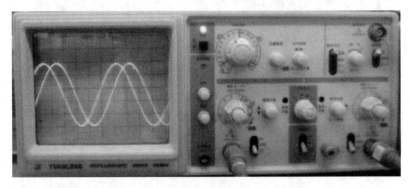

图 4.3.15　同频率正弦信号的相位比较

求相位差的方法：一个周期在 X 轴上的格数为 5.8 格，所以每格代表的相位为 62.1°（一个周期为 $2\pi = 360°$，所以每格所代表的相位为 360°除以一个周期的水平总格数），则相位差 $\Delta\varphi = 1 \times 62.1° = 62.1°$。

实训任务

1. 实训目的

① 掌握模拟双踪示波器 V-252 各旋钮的功能。

② 掌握示波器测量的方法。

2. 实训器材

V-252 双踪示波器，信号发生器（实验电路板）。

3. 实训内容

① 对示波器进行校准。

② 将信号发生器的输出波形设为锯齿波。

③ 示波器的旋钮设置。

a. 将垂直通道的设置填入表 4.3.14。

表 4.3.14　垂直通道的设置

旋钮名称	工作模式	输入信号耦合	垂直微调	电压/格
旋钮设置				

b. 将水平通道的设置填入表 4.3.15。

表 4.3.15　水平通道的设置

旋钮名称	扫描微调	时间/格
旋钮设置		

c. 将触发源的设置填入表 4.3.16。

表 4.3.16　触发源的设置

旋钮名称	触发方式	触发源	触发耦合	触发极性	触发电平
旋钮设置					

④ 画出波形图。

4. 评分标准

评分标准如表 4.3.17 所示。

表 4.3.17　评分标准

序号	项目内容	评分标准	配分	扣分	得分
1	操作技巧	① 准确使用示波器的各个按钮和旋钮，正确进行操作（5分） ② 能够快速调节示波器的时间、电压和触发参数（5分） ③ 能够根据要求设置示波器的功能和模式（5分） ④ 能够使用示波器进行波形的捕获和保存（5分） ⑤ 能够识别并解决一些常见示波器操作问题（10分）	30		
2	仪器连线	① 能够正确连接信号源和示波器，保证信号线路通畅（10分） ② 能够连接示波器的地线，消除干扰（10分）	20		
3	信号观测	① 能够正确设置示波器的时间、电压和触发参数，以便观测信号波形（10分） ② 能够调整示波器的水平和垂直放大倍数，使信号波形在示波器屏幕内合适显示（10分） ③ 能够清晰、准确地观测信号波形，并进行相关标记（10分） ④ 能够通过示波器的光标功能测量信号的相关参数（10分）	40		
4	安全、文明生产	每一项不合格扣 5～10 分	10		
5	备注	时间：120 min 不允许超时	评分 教师签字		

4.4 功能电路装配综合训练

4.4.1 稳压电源

1. 实训目的

① 了解新元器件的作用并理解电源电路的工作原理。
② 掌握万用表、调压器及交流毫伏表的正确使用。
③ 掌握稳压电源测试电路的组装及相关点数据的测试。

2. 实训器材

万用表,交流毫伏表,调压器,白色水泥电阻(10 Ω 和 15 Ω)。

3. 实训内容

(1) 原理图

稳压电源电路的原理图如图 4.4.1 所示。

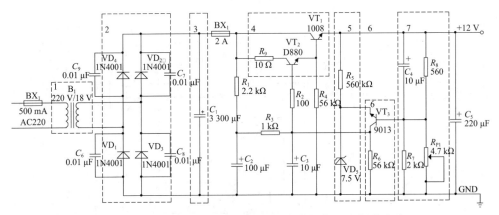

1—降压电路;2—桥式整流电路;3—滤波电路;4—调整电路;
5—基准电路;6—比较放大电路;7—取样电路。

图 4.4.1 稳压电源电路的原理图

(2) 线路板图

稳压电源的线路板如图 4.4.2 所示。

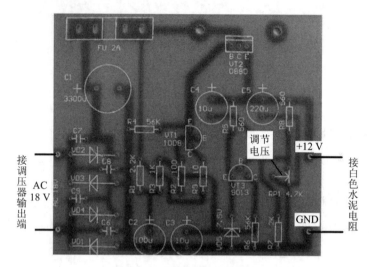

图 4.4.2　稳压电源的线路板

(3) 接线示意图

稳压电源测试电路的接线示意图如图 4.4.3 所示。

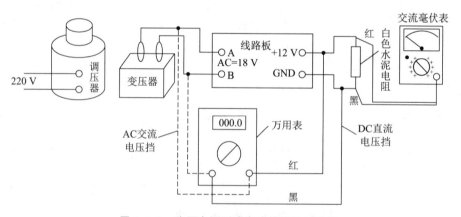

图 4.4.3　稳压电源测试电路的接线示意图

(4) 实训要求

① 调试空载输出电压为 12 V±0.2 V（输入 AC 220 V）。

② 测试电流调整率，在输入 AC 220 V、输出电流空载和 1 A 时测输出电压，并记录、计算电流调整率。

③ 测试输出纹波电压（在输入为 220 V、负载电流为 1 A 的额定工作状态下）。

④ 测试电压调整率,在输出电流为 1 A、输入电压为 198 V 及 242 V 时,测输出电压,并记录、计算电压调整率。

4. 调试步骤

(1) 调试空载输出电压

调试空载输出电压为 12 V±0.2 V（输入 AC 220 V）,如实测达不到指标,则说明误差原因及调整方法。

① 检查工作台的调压器、变压器和负载电阻是否完好。

a. 用万用表 AC 500 V 挡测量调压器输出端电压。

b. 用万用表 200 Ω 挡测量变压器初级电阻、次级电阻。

c. 用万用表 200 Ω 挡测量负载电阻,把阻值调节在 12 Ω 左右。

② 按接线示意图连接电路（空载情况）。

③ 测量各点电压。

a. 把调压器的输出电压调到 AC 220 V（用万用表 AC 500 V 挡测量）即变压器的初级输入电压,并填表。

b. 用万用表 AC 200 V 挡测量变压器次级电压,并填表。

c. 用万用表 DC 200V 挡,黑表笔接地,红表笔测保险丝夹上的电压,即整流以后的电压。

d. 用万用表 DC 20 V 挡,黑表笔接地,红表笔测稳压电源输出"+"端电压 V_1（注：可以把黑表笔绕在导线上测量）。

要求空载输出电压为 12 V±0.2 V,若达不到,可以调节电位器 R_{P1},并填表。

(2) 测试电流调整率

在输入 AC 220 V,输出电流空载和 1 A 时,测输出电压,并记录、计算电流调整率。

① 接上步,电路板输出端接负载电阻。

② 用万用表 DC 10 V 挡,串入负载回路,通电,调节负载电阻的阻值。

③ 取下万用表表笔,把表笔插回原位,接好负载;再用万用表 DC 20 V 挡测量负载两端电压,即负载电压 V_2,并填表。

④ 切断电源。

⑤ 空载电压 V_1 即前步骤中电路板不接负载时的输出电压 12.00 V。

⑥ 电流调整率 = $(V_1-V_2)/V_1 \times 100\%$。

(3) 测试输出纹波电压

测试条件为输入 AC 220 V，负载电流为 1 A 的额定工作状态。

① 接上步，电路连接保持不变。

② 用交流毫伏表 1 mV 或 3 mV 挡测量负载两端的纹波电压，一般测量值应小于 1 mV 为佳。

　a. 交流毫伏表红色夹子接"+"，黑色夹子接 GND。

　b. 正确读数，当指针满 2/3 刻度时读数误差最小。

　c. 选择正确的量程挡位。

③ 将测量值填入表中。

(4) 测试电压调整率

在输出电流为 1 A、输入电压为 198 V 及 242 V 时测输出电压，并记录、计算电压调整率。

① 负载 1 A 不变，万用表 AC 500 V 挡测调压器输出端，调节旋钮使读数为 198 V；再用万用表 DC 20 V 挡测负载两端的电压，记录数据并填表。

　a. 接上步通电，负载电阻不用调节，保持不变。

　b. 调节调压器，使其输出 198 V 电压。

　c. 测量负载两端的电压，即 V_1。

　d. 断电。

② 用万用表 AC 500 V 挡测电压器输出端，调节旋钮使读数为 242 V；然后用万用表 DC 20 V 挡测负载两端电压，记录 V_3，并填表。

　a. 接上步通电，负载电阻不用调节，保持不变。

　b. 调节调压器，使其输出 242 V 电压。

　c. 测量负载两端电压，即 V_3。

③ AC 220 V 时输出电压同前面测量 1 A 时的电压 V_2，并填表。

④ 电压调整率 $=(V_3-V_1)/V_2 \times 100\%$。

5. 调试报告

将上述过程中所测数据填入表 4.4.1。

表 4.4.1 调试数据记录表

空　载	变压器输入电压	变压器输出电压	整流后电压	稳压输出电压
电流调整率	输出电流	空载	1 A	输出纹波电压
	输出电压			
电压调整率（加载）	电源输入电压	198 V	220 V	242 V
	稳压输出电压			
问题解答及故障处理情况：				
完成人				

6. 注意事项

① 测量中，万用表应单手操作，以便边监测边调试，不会因操作失误而使电路短路。做到安全操作，测量中应选择合适的地电位（参考点）。

② 测变压器输出端电压时，注意万用表使用的挡位，若误用电流挡测量，则会烧坏调压器。

③ 线路板 AC 输入端接入 18 V 交流电压时，红、黑两夹子设法分开固定，保证操作过程中不会因短路而烧坏调压器。

④ 使用交流毫伏表测量纹波电压时，因表而定，注意机械校零。接线时，最好处于关机状态，先接黑色夹子，再接红色夹子；撤除时，过程相反。

⑤ 电源输出如果不正常，应先检查元器件是否焊错或焊接是否可靠，一般情况下，如果超过+12 V，并且不可调，说明调整电路处于饱和状态；如果小于+12 V，同样不可调，说明调整电路处于截止状态，应重点检查取样、比较放大、基准电路。

4.4.2 场扫描电路

1. 实训目的

① 了解新元器件的作用并理解场扫描电路的工作原理。
② 掌握双踪示波器、双路直流稳压电源的正确使用方法。
③ 掌握场扫描电路测试电路的组装及调试方法,并记录相关数据和波形。

2. 实训器材

双路直流稳压电源,万用表,双踪示波器,偏转线圈。

3. 实训内容

(1) 原理图

场扫描电路的原理图如图 4.4.4 所示。

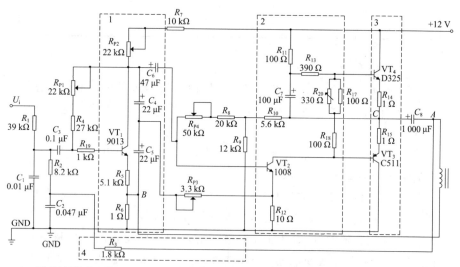

1—锯齿波形成电路;2—OTL 功放激励级;3—OTL 功放输出级;4—正反馈电路。

图 4.4.4 场扫描电路的原理图

(2) 线路板图

场扫描电路的线路板如图 4.4.5 所示。

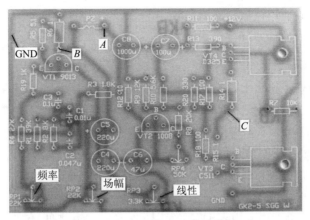

图 4.4.5 场扫描电路的线路板

(3) 接线示意图

场扫描电路的测试接线示意图如图 4.4.6 所示。

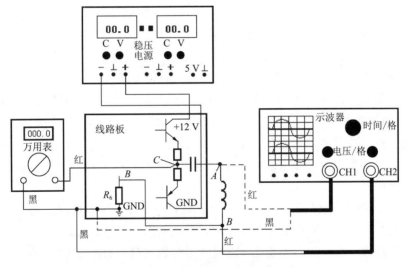

图 4.4.6 场扫描电路的测试接线示意图

(4) 实训要求

① 测试输出中点电位,为 $V_{CC}/2 \pm 0.2$ V,并记录。

② 测试 C_8 负极对地输出电压波形(峰-峰值为 ± 2 V 左右)和偏转线圈的电流波形(峰-峰值为 ± 0.5 V 左右),将场频、场幅及场线性调整好后的输出波形记入测试报告中(峰-峰值为 ± 2 V 左右)。

③ 测试场频调节范围,并记录。

④ 正确使用仪器，准确读数。

4．调试步骤

（1）测试输出中点电位（$V_{CC}/2\pm0.2$ V 并记录）

① 检查工作台上的稳压电源、示波器和偏转线圈。检查线路板是否有短路、虚焊；调节双路直流稳压电源使其输出+12 V，加入线路板电源端；打开示波器并调节，使其工作在正常状态；用万用表 200 Ω 挡，测量偏转线圈的阻值（3～6 Ω）。

② 连接电路。

③ 测中点电压。

打开电源，用万用表 DC 20 V 挡测 R_{14}、R_{15} 之间任意一个引脚对地电压；调节电位器 R_{P4}，使万用表的读数为 6 V±0.2 V。

注意 R_{P1}、R_{P2} 的调节影响中点电压。

（2）测试 C_8 负极输出电压波形和偏转线圈电流波形

将场频、场幅调整好后的输出波形记入测试表格。

① 测试 C_8 负极输出电压波形。a. 打开示波器，红色夹子接 PZ "+"端引线，黑色夹子接"−"端引线。b. 调节 R_{P1} 可以改变场频。c. 调节 R_{P2} 可以改变场幅。d. 调节 R_{P3} 可以改变场线性。

调 R_{P1} 使场频为 50 Hz（示波器打在 5 ms/格，共占四格），调 R_{P2} 使场幅为±2 V（2 V/格，5 ms/格），然后调 R_{P3} 使线性良好。再测中点电压是否在 6 V±0.2 V，反复调节 R_{P2}、R_{P3}，直至波形线性良好，幅度满足要求并且中点电位为 6 V±0.2 V，将所测中点电位填入表 4.4.2，并画出波形图（$V_{P-P}=4$ V）。

② 测试偏转线圈电流波形。将示波器探头接于偏转线圈远离 C_8 的一端与地之间，测出输出电流波形，画出波形图（$V_{P-P}=1$ V）。

注意 当波形出现线性失真时，可以通过调节 R_{P3} 来减小失真。

（3）测试场频调节范围

① 调节 R_{P1}（向左和向右旋到底），观察波形，计算出场频的调节范围。其频率范围一般为 45～55 Hz，即在 22～18 ms。

② 频率范围测试结束后，恢复输出电压波形周期为 20 ms，幅度为 5 V，且波形的线性良好。

5．调试报告

将调试过程中所测数据填入表 4.4.2。

表 4.4.2 调试数据记录表

输出中点电位		V	场频调节范围		Hz
C_8 负极输出电压波形和偏转线圈电流波形					
电压波形					
电流波形					
问题解答及故障处理情况：					
完成人					

6. 注意事项

① 测量过程中，注意正确记录中点电位。

② 在测量输出电压波形和输出电流波形时，注意示波器的正确接入。

③ 调试过程中，应明确各电位器所起的作用，正确配合使用。

④ 画电压、电流波形时，注意 X 轴的定位。

⑤ 三极管 C511 和 D325 的参数也会直接影响波形的失真。两管的放大倍数要求相差不大，尽可能相等。其值一般要大于 50。

4.4.3 三位半 A/D 转换器

1. 实训目的

① 了解新元器件的作用并理解三位半 A/D 转换器的工作原理。

② 掌握双踪示波器、双路直流稳压电源及多圈电位器的正确接入和使用方法。

③ 掌握三位半 A/D 转换器测试电路的组装及调试方法,并记录相关数据、绘制波形。

2. 实训器材

双路直流稳压电源,万用表,多圈可调电位器,双踪示波器。

3. 实训内容

(1) 原理图

三位半 A/D 转换器的原理图如图 4.4.7 所示。

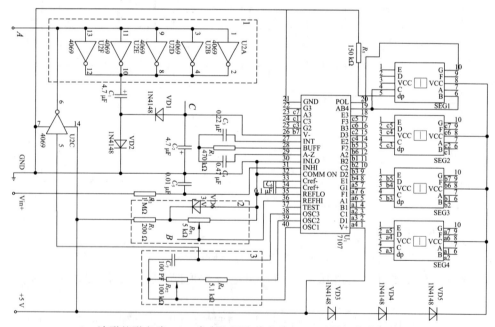

1—波形整形电路;2—参考电压取值电路;3—时钟振荡外围电路。

图 4.4.7 三位半 A/D 转换器的原理图

(2) 线路板图

三位半 A/D 转换器的线路板如图 4.4.8 所示。

图 4.4.8 三位半 A/D 转换器的线路板

(3) 接线示意图

三位半 A/D 转换器测试电路的接线示意图如图 4.4.9 所示。

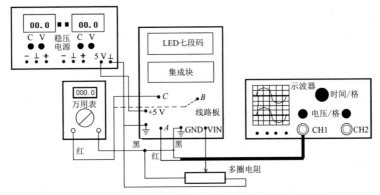

图 4.4.9 三位半 A/D 转换器测试电路的接线示意图

(4) 实训要求

① 调整时钟发生器的振荡频率 $f_{osc}=40\ kHz\pm(1\%\sim5\%)$，画出 A 点波形图。

② 调整满度电压 $U_{fs}=2\ V$（调整点 1.900 V±1 字），调整结果并填入表 4.4.3。

③ 测量线性误差：测试点 1.900 V、1.500 V、1.000 V、0.500 V、0.100 V，并计算相对误差，填入表 4.4.3。

④ 测量参考电压 V_{ref}，计算满度电压与参考电压的比值。

⑤ 测量 C 点负电压值，填入表 4.4.3。

4. 调试步骤

(1) 调整时钟发生器的振荡频率 $f_{osc}=40\ kHz\pm(1\%\sim5\%)$，画出 A 点波形图

① 检查线路板是否有短路、虚焊。

② 从双路直流稳压电源输出端输出+5 V电压，加入线路板电源端。

③ 打开示波器并调节，使其正常工作。

④ 连接电路并调试，使数码管显示正常。打开电源，此时数码管应有数字显示。将电路板上 VIN+引线与 GND 引线短接，此时读数应为"−000"，也可以将 TEST 引脚（7017第37脚）与+5 V短接，读数应为"1888"。若显示不正常，检查电路焊接是否有问题。

⑤ 测试时钟频率。

a. 连接电路，用示波器测量 A 点波形，红色夹子接 A 点引线，黑色夹子接 GND，显示应为矩形波。

b. 示波器（CH1，1 V/格，5 μs/格）测 A 点波形，调节 R_{P2}（100 kΩ），使波形频率为 40 kHz（$T=25$ μs，共 5 格），在表 4.4.3 中画出波形。

（2）调整满度电压 $U_{fs}=2$ V（调整点 1.900 V±1 字）

调节电源电压，使其中一组电源输出 3 V 电压，接入 50 kΩ 的多圈电位器（用于细调）。电路板上 VIN+端接到 50 kΩ 电位器上，注意极性。使用万用表 DC2 V 挡，测量 50 kΩ 电位器引脚，同时调节 50 kΩ 电位器，使万用表读数为 1.900 V。观察数码管显示的数字，同时调节 R_{P1}，使数码管的显示为"1.900"。

（3）测量线性误差

测试点 1.900 V、1.500 V、1.000 V、0.500 V、0.100 V，并计算相对误差，填入记录表中。

① 测试点 1.900 V。用万用表 DC 2 000 mV 挡，调节 50 kΩ 电位器，使万用表读数为 1 900 mV。把 1.900 V 电压输入给电路 VIN+端，记录此时数码管的示数，应该显示为 1.900，并填表。注意此时数码管的显示一定要保证为 1.900，若达不到，说明上步调节不准确，可以再调节电位器 R_{P1}，直到显示 1.900 为止。

② 测试点 1.500 V。调节 50 kΩ 电位器，使万用表读数为 1 500 mV。记录此时数码管的示数，应该显示为 1.500 V 左右，并填表。

③ 测试点 1.000 V。调节 50 kΩ 电位器，使万用表读数为 1 000 mV。记录此时数码管的示数，应该显示为 1 000 mV 左右，并填表。

④ 测试点 0.500 V。

a. 调节 50 kΩ 电位器，使万用表读数为 500 mV。

b. 记录此时数码管的示数，应该显示为 500 mV 左右，并填表。

⑤ 测试点 0.100 V。调节 50 kΩ 电位器，使万用表读数为 100 mV。

记录此时数码管的示数,应该显示为 100 mV 左右,并填表。

⑥ 测试完成后,恢复万用表读数为 1.900 V,数码管显示 1.900 状态。

⑦ 相对误差的计算公式如下:

$$相对误差 = \frac{实测值 - 输入电压}{输入电压} \times 100\%$$

(4) 测量参考电压 V_{ref},计算满度电压和参考电压的比值

测 B 点电压,即参考电压 V_{ref},大约为 1.021 V,记入表中。

(5) 测量负电压

测 C 点负电压,大约为 -3.41 V,记入表中。

5. 调试报告

将调试过程中所测数据填入表 4.4.3 中。

表 4.4.3 调试数据记录表

振荡频率 f_{osc}				幅值		
波形						
输入电压	1.900 V	1.500 V	1.000 V	0.500 V	0.100 V	满度 $V_{fs}=$
实测(DMV)						1.999 V
相对误差						
参考电压 V_{ref}		V_{fs}/V_{ref}		负电位		
问题解答及故障处理情况:						
完成人						

6. 注意事项

① 注意 +5 V 电压的接入。

② 调节多圈电位器时,注意力度和速度,特别是在接近极限时,应放慢速度。

4.4.4 OTL 功放

1. 实训目的

① 了解新元器件的作用并理解 OTL 功放的工作原理。
② 掌握双踪示波器、双路直流稳压源、信号发生器及交流毫伏表的配合使用。
③ 掌握场 OTL 功放测试电路的组装及调试方法,并记录相关数据和波形。

2. 实训器材

双路直流稳压电源,万用表,信号发生器,交流毫伏表,双踪示波器。

3. 实训内容

(1) 原理图

OTL 功放电路的原理图如图 4.4.10 所示。

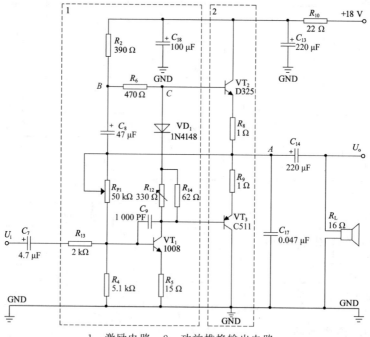

1—激励电路;2—功放推挽输出电路。
图 4.4.10 OTL 功放电路的原理图

（2）线路板图

OTL功放电路的线路板如图4.4.11所示。

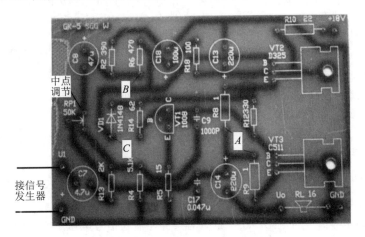

图4.4.11　OTL功效电路的线路板

（3）接线示意图

OTL功放测试电路的接线示意图如图4.4.12所示。

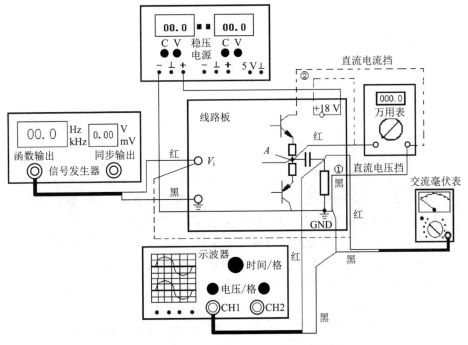

图4.4.12　OTL功放测试电路的接线示意图

(4) 实训要求

① 调整中点电位 $U_A = \frac{1}{2}V_{CC}$，在电源电压 DC 18 V 时调整功放管静态工作电流 $I \leqslant 25$ mA。

② 输入 1 kHz 音频信号，用示波器观察输出信号出现临界削波，并通过调节使输出信号波形上下同时削波（达到最大不失真状态时），测量负载两端的电压（$U_o \geqslant 4$ V），记录实测电压值，并记录最大不失真输出功率（$R_L = 15$ Ω 时）。

③ 将信号发生器电源关闭，测中点电位，并记录实测值；调整功放管静态工作电流，并记录工作电流实测值。

④ 调整输入信号电压，使输出电压 $U_o = 4$ V，测放大器输入信号电压值，计算电压放大倍数。

⑤ 以频率为 1 kHz、$U_o = 2$ V 为条件，输入信号电压不变，此时监测输入电压，然后在输入信号电压不变的情况下，将频率分别调整为 20 Hz、100 Hz、200 Hz、1 kHz 和 5 kHz，测输出电压 U_o 值，并作出频响曲线。

4. 调试步骤

(1) 工作点测试

调整中点电压 $U_A = \frac{1}{2}V_{CC}$，将实测值填入表中，在电源电压为 DC 18 V 时调整功放管静态工作电流（$I \leqslant 25$ mA），并记录实测电流值。

① 检测工作台上的稳压电源、示波器和信号发生器。使用万用表 DC 20 V 挡测稳压电源其中一组电源，调节输出 18 V 电压，接入 OTL 电路板，+18 V 端用红色导线，电源电压为 18 V，并填表。

② 连接电路。

③ 测量中点电压 U_A。使用万用表 DC 20 V 挡，测量电阻 R_8 和 R_9 之间任意一引脚对地（GND 或 C511 的散热片）的电压。同时调节电位器 R_{P1}，使万用表读数为 9 V，即中点电压 U_A，并填表。

④ 测量静态工作电流。使用万用表 DC 200 mA 挡，红表笔接电源的正极，黑表笔接电路板"+18 V"导线，即把万用表串入电路中。记录电流的大小，大约十几毫安，注意电流 $I \leqslant 25$ mA，并填表。

(2) 输出调试

输入 1 kHz 音频信号，用示波器观察输出信号出现临界削波时，测量负载两端的电压应为 $U_o \geqslant 4$ V，记录实测电压值，并记录最大不失真输出功率（负载＝16 Ω）。

① 调整信号发生器，使其输出 1 kHz 的音频信号。

注意　先把幅度旋钮调到最小，使用时再增大，适当使用衰减。

② 调整示波器和交流毫伏表，使其工作正常，接入负载为 16 Ω 的扬声器。

③ 连接电路。

注意　信号线用红色，接地线用黑色。

④ 观察信号临界削波波形。打开稳压电源，为 OTL 提供 18 V 电压。慢慢旋动信号发生器的幅度旋钮，可以听到喇叭有声音发出，观察示波器上 OTL 输出波形（喇叭上音频信号波形），应为正弦波。随着幅度不断增大（调节信号发生器），喇叭声音愈来愈大。当波形出现临界失真（波形将要失真，还没有失真）时，即临界削波，为波形的最大输出状态。

注意　功放管 D325 和 C511 不对称（放大倍数相差太大）可引起半波失真，输出达不到 4 V。

⑤ 测量负载两端电压 U_o。使用交流毫伏表 10 V 挡，测负载两端电压，红色夹子接信号输出 U_o 端，黑色夹子接 GND（与示波器相同）。此时读数即为最大不失真电压 U_o，大约为 4.2 V。计算最大输出功率 $P_o = \dfrac{U_o^2}{R_L}$，并填表。

（3）放大器输入

调整输入信号，使输出电压 $U_o = 4$ V，测放大器输入信号电压值，计算电压放大倍数。

电路连接不变，保持 1 kHz 不变。调节信号发生器的幅度旋钮（回旋减小），使交流毫伏表读数为 4 V。取下交流毫伏表测试夹子，其他不变。用交流毫伏表 1 V（或 3 V）挡，测量此时信号发生器输出信号（电路板输入信号）的幅度。此步骤结束后，要把交流毫伏表挡位换到 10 V 挡，重新接到喇叭两端。此时，交流毫伏表的读数即为 OTL 输入信号的电压值 U_i，大约为 0.36 V。计算电压放大倍数 $A_V = U_o/U_i = 4/U_i$，并填表。

（4）频率响应

以频率 1 kHz、$U_o = 2$ V 为条件，输入信号电压保持不变，监测输入电压，然后分别设置频率为 20 Hz、100 Hz、200 Hz、1 kHz、5 kHz，测输出电压 U_o 值，并作出频响曲线。

① 测量输出电压，使其为 $U_o = 2$ V。用交流毫伏表 3 V 挡，测量

OTL输出U_o端，同时调节信号发生器幅度旋钮，使交流毫伏表读数为 2 V，此时信号频率为 1 kHz。

② 改变频率，测量频响特性。

保持U_o=2 V 不变，取下示波器夹子，其余连接不变，调节信号发生器频率旋钮，使频率为 20 Hz。换 1 V 挡，观察此时交流毫伏表读数，大约为 0.8 V，并填表。

同样，调节信号发生器，使频率分别为 100 Hz、200 Hz、1 kHz、5 kHz，可以得到对应的输出电压U_o值，并填表。随着频率的改变，喇叭的声音相应变化。

注意 交流毫伏表量程的选择，应使指针满 2/3 刻度时读数误差最小。

③ 采用描点法绘制频响曲线。

5. 调试报告

将调试过程中所测数据填入表 4.4.4。

表 4.4.4 调试数据记录表

工作点测试	电源电压	$V_{CC}=$ V	中点电压	$U_A=$ V	静态电流	$I=$ mA
输出调试	输出电压	$U_o=$ V	信号频率	$f=$ Hz	最大输出功率	$P_o=$ W
放大器输入	输入电压	$U_i=$ V	信号频率	$f=$ Hz	电压放大倍数	$A_V=$
频率响应	信号频率	20 Hz	100 Hz	200 Hz	1 000 Hz	5 000 Hz
	输出电压					

画频响特性：

问题解答及故障处理情况：

完成人

6. 注意事项

① 注意测量静态中点电压及静态电流时,输入端信号为零。

② 调节最大不失真输出时,应在波形上下一侧出现失真后,不再增加输入,调节 R_{P1} 使上下不失真后,再增大输入信号,然后重复调节,直至看到上下同时失真时为最大不失真输出。

4.4.5 PWM 脉宽调制器

1. 实训目的

① 了解新元器件的作用并理解 PWM 脉宽调制器的工作原理。

② 掌握双踪示波器、双路直流稳压源的正确使用方法。

③ 掌握 PWM 脉宽调制器测试电路的组建及调试方法,并记录相关数据和波形。

2. 实训器材

双路直流稳压电源,万用表,双踪示波器。

3. 实训内容

(1) 原理图

PWM 脉宽调制器的原理图如图 4.4.13 所示。

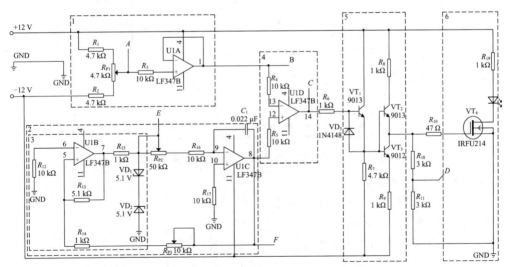

1—可变比较电压输出;2—三角波形成电路;3—滞回比较电路;
4—开环运放比较电路;5—推挽输出电路;6—负载驱动电路。

图 4.4.13 PWM 脉宽调制器的原理图

（2）线路板图

PWM 脉宽调制器的线路板如图 4.4.14 所示。

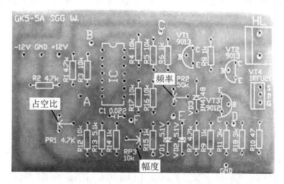

图 4.4.14　PWM 脉宽调制器的线路板

（3）接线示意图

PWM 脉宽调制器测试电路的接线示意图如图 4.4.15 所示。

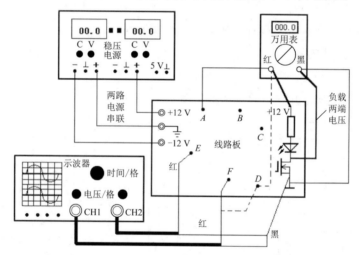

图 4.4.15　PWM 脉宽调制器测试电路的接线示意图

（4）实训要求

① 调整三角波和波形，要求 $f_o = 1\ \text{kHz} \pm 5\%$，$U_P = 3\ \text{V} \pm 10\%$，将实测数据填入表中。

② 画出三角波波形图（F 点）和方波波形图（E 点）。

③ 观察 D 点的调制波，记录调制度分别为 100%、50%、0% 时对应的给定电压（A 点）、输出电压（D 点）和负载两端电压，并填表。

④ 画出调制度为 50% 时 D 点的调制波波形图。

⑤ 测量给定电压（A 点）范围和频率可调范围，并填表。

4. 调试步骤

(1) 根据要求调整三角波频率和波形

要求 $f_o=1$ kHz±5%，$U_p=3$ V±10%，将实测数据填入记录表中。

① 检测工作台上的稳压电源和示波器。此电路采用±12 V 电源，首先调节稳压电源使其工作在主从电源跟踪状态，此时从电源的输出保持和主电源一致，只要调节主电源即可。使用万用表 DC 20 V 挡，测量稳压电源主电源一侧的接线柱（红色为"＋"，黑色为"－"），同时调节主电源的电压调节旋钮，使万用表读数为 12 V，此时从电源的输出也是 12 V。此前稳压电源的电流旋钮顺时针旋到底，若电源打开后有警示声，则说明电压为零，调节电压即可消除叫声。打开示波器并调节，使其工作正常，注意各个旋钮的位置。关上电源，连接线路。

② 调整三角波的频率和幅度。打开电源，此时电珠应该点亮，用示波器观察 F 点的波形。先调节 R_{P3}，使三角波的幅度 $U_p=3$ V±10%，注意其频率也同时变化。再调节 R_{P2}，使三角波的频率 $f_o=1$ kHz±5%。F 点的波形为三角波，此时波形频率应为 1 kHz，周期为 1 ms。

记录坐标：横轴为 0.2 ms/格（5 格），纵轴为 1 V/格（6 格），即正峰为 3 V，负峰为－3 V，并填表。

(2) 画出三角波波形图（F 点）和方波波形图（E 点）

① 画出三角波波形，注意和示波器显示的波形一致。

② 画出方波波形。连接电路，用示波器观察 E 点的波形。观察波形，此时波形频率和三角波的相同，为 1 kHz，周期为 1 ms。

记录坐标：横轴为 0.2 ms/格（5 格），纵轴为 2 V/格（6 格），其峰-峰值为 12 V。

注意 三角波波形图和方波波形图要用同一坐标单位。

(3) 观察 D 点的调制波，记录给定电压、输出电压和负载两端电压

观察 D 点的调制波，记录调制度分别为 100%、50%、0%时对应的给定电压（A 点）、输出电压（D 点）和负载两端电压，并填表。

① 连接电路，用示波器观察 D 点的波形。D 点的波形随着调制度的改变而改变，同时可以看到负载电珠的明暗变化。

② 当调制度为 100%时，电路连接保持不变，调节电位器 R_{P1}，观察示波器所显示 D 点脉冲波形的变化，当波形刚刚变为一条直线（全为高电平）即为调制度 100%时，灯泡最亮。使用万用表 DC 20 V 挡，分别测

量 A 点、D 点和负载电珠上的电压,记录并填表。此时 A 点电压大约为 4.02 V,D 点电压大约为 5.01 V,负载电珠上电压大约为 11.83 V。

注意 此时 R_{P1} 并没有旋到底。

③ 当调制度为 50% 时,电路连接保持不变,调节电位器 R_{P1},同时观察 D 点脉冲波形的变化,当波形占空比相等即调制度为 50% 时,灯泡变暗。占空比是高电平(正脉冲)所占周期与整个周期的比值。使用万用表 DC 20 V 挡,测量 A 点的电压,大约为 -0.22 V,记录并填表。使用万用表 AC 20 V 挡,测量 D 点的电压,大约为 5.51 V,记录并填表,注意是用交流电压挡。使用万用表 DC 20 V 挡,测量负载电珠上的电压,大约为 6.05 V,记录并填表。

④ 当调制度为 0% 时,电路连接保持不变,调节电位器 R_{P1},同时观察示波器上 D 点脉冲波形的变化,当波形刚刚变为一条直线(全为低电平),即调制度为 0% 时,灯泡熄灭。使用万用表 DC 20 V 挡,分别测量 A 点、D 点和负载电珠上的电压,记录并填表。此时 A 点电压大约为 -4.12 V,D 点电压大约为 -5.14 V,负载电珠上电压为 0 V。

(4) 画出 D 点调制波波形图

画出调制度为 50% 时 D 点的调制波波形图。

① 电路连接保持不变,重复前面第(3)步,调出调制度为 50% 时的 D 点波形。

② 此时波形频率为 1 kHz,周期为 1 ms。

记录坐标:横轴为 0.2 ms/格(5 格),纵轴为 2 V/格(5 格),其峰-峰值为 10 V。画图时采用纵轴为 1 V/格(10 格)坐标。

(5) 测量给定电压(A 点)范围和频率可调范围

① 测量给定电压范围,连接电路。使用万用表 DC 20 V 挡,测量 A 点的电压。调节 R_{P1},使其阻值从最小到最大变化,记录 A 点对应的电压最小值和最大值,即给定电压范围。其值为 -4.5 V~$+4.5$ V,记录并填表。

② 测量三角波频率范围,连接电路。用示波器观察 F 点的三角波波形。调节 R_{P2},使其阻值从最小到最大变化,观察波形的变化,记录其周期的最小值和最大值,换算成频率($f=1/T$),即三角波的频率范围。其周期为 $(1\sim6.5)\times0.2$ ms $=0.2\sim1.3$ ms,即其频率范围在 769~5 000 Hz,记录并填表。

③ 调试结束后,把三角波恢复到 $f_0=1$ kHz$\pm5\%$,$U_p=3$ V$\pm$

10%的状态。

5. 调试报告

将调试过程中所测数据填入表4.4.5。

表 4.4.5　调试数据记录表

三角波频率	Hz	三角波电压幅值		正峰	V	负峰	V
三角波波形图，方波波形图				调制度	100%	50%	0%
0				给定电压 （A 点）			
				输出电压 （D 点）			
				负载两端 电压			
D 点调制度为 50%调制波波形图							
0				给定电压 （A 点）范围			
				三角波频率 范围			
问题解答及故障处理情况：							
完成人							

6. 注意事项

① 调试过程中,注意电源输出端不要短路。

② 刚通电时,波形不易察觉,需调节 R_{P3} 后才能在示波器上观察到波形,先保证幅度,再保证频率。画图时,注意基准线的选定。

4.4.6 数字频率计

1. 实训目的

① 了解新元器件的作用并理解数字频率计的工作原理。
② 掌握双踪示波器、信号发生器及双路直流稳压电源的正确使用方法。
③ 掌握数字频率计测试电路的组建及调试方法,并记录相关数据和波形。

2. 实训器材

双路直流稳压电源,万用表,信号发生器,双踪示波器。

3. 实训内容

(1) 原理图

数字频率计的原理图如图 4.4.16 所示。

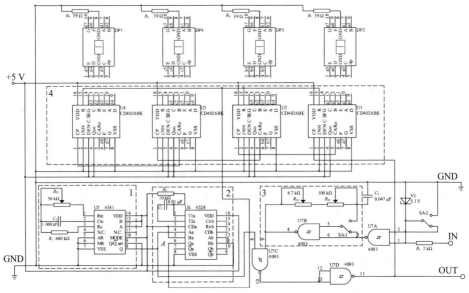

1—1 s 产生电路;2—单稳态复位电路;3—内部振荡电路;4—计数电路。

图 4.4.16 数字频率计的原理图

(2) 线路板图

数字频率计的线路板如图 4.4.17 所示。

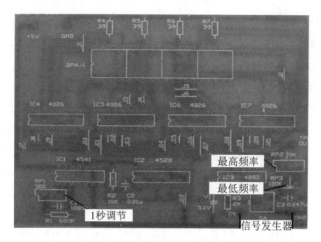

图 4.4.17　数字频率计的线路板

(3) 接线示意图

数字频率计测试电路的接线示意图如图 4.4.18 所示。

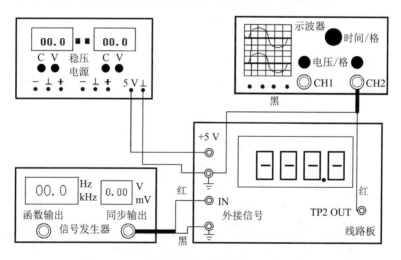

图 4.4.18　数字频率计测试电路的接线示意图

(4) 实训要求

① 调整闸门时间等于 1 s（校正信号 1 024 Hz、$V_P=5$ V）。

② 检查频率测量误差（检查频率 4 000 Hz，实测数值填表，并计算相对误差）。

③ 调整振荡器，使最高频率为 6 kHz±1 字，测量频率覆盖并填表。
④ 画出最低振荡频率的实测波形图。

4. 调试步骤

(1) 调整闸门时间等于 1 s

校正信号为 1 024 Hz、V_P＝5 V。

① 检查线路板是否有短路、虚焊。

② 检查工作台上的稳压电源、信号发生器和示波器。此电路采用 5 V 电压，直接使用稳压电源 5 V 输出即可。用万用表 DC 挡，测量稳压电源 5 V 输出一侧的接线柱，万用表读数应该为 5.00±0.01 V。打开示波器并调节，使其正常工作，注意各个旋钮的位置。打开函数信号发生器，调节信号发生器使其输出频率为 1 024 Hz，幅度为 5 V 的信号（用万用表测量信号发生器的幅度）。关掉电源，准备接线。

③ 调整闸门时间。打开电源，数码管显示数字。当轻触自锁开关 SA 弹起处于"外接"，在输入端（IN）输入（信号发生器输出 1 024 Hz、V_P＝5 V），调节 R_{P1} 使数码管显示为"1024"（±1 字误差）即闸门时间等于 1 s，记录并填表。

注意 R_{P1} 的调节要小心，容易损坏。

(2) 检查频率测量误差

检查频率为 4 000 Hz，实测数值填表，并计算相对误差。

① 电路保持不变，调节信号发生器使信号的频率为 4 000 Hz，幅度不变。

② 记录数码管显示的读数，大约在 3 998 Hz，并填表。

③ 计算相对误差。

$$相对误差 = \frac{测量值 - 实际值}{实际值} \times 100\%$$

(3) 测量频率覆盖

调整振荡器，使最高频率为 6 kHz±1 字，测量频率覆盖并填表。

① 轻触自锁开关 SA（内接），信号发生器不接。

② 频率覆盖测调。先调节 R_{P3} 阻值为零（顺时针旋转到底），再调节 R_{P2}，同时观察数码管的读数，使读数尽量接近 6 kHz±1 字，此时的频率即最高频率。小心调节 R_{P2}，以免损坏，并记录数据。最后将 R_{P3} 的阻值调到最大值（逆时针旋转到底），R_{P2} 不用再调节，记录此时数码管显示的读数，即为最低频率。其频率覆盖在 390～6 000 Hz。

（4）画出最低振荡频率的实测波形图

① 用示波器（2 V/格，1 ms/格）观测 TP2（OUT）点的波形，即最低频率时信号的波形，画出波形（幅值为 5 V、周期为 2.5 ms）。

注意 调节好的电位器不用再调节，确定 R_{P3} 为最大值。

② 画出波形后计算最低频率是否与测得的最低频率相符，并计算允许误差。

5. 调试报告

将调试过程中所测数据填入表 4.4.6。

表 4.4.6 调试数据记录表

闸门时间 1 s	基准频率 1 024 Hz		实测频率值		Hz	
频率测量误差	被测频率 4 000 Hz		实测频率	Hz	相对误差	%
内接振荡频率覆盖	最高频率调整 6 000 Hz±1 个字				最低频率	Hz
画最低频率电压-时间波形图		周期		ms	电压幅值	V
波形图：						
问题解答及故障处理情况：						
完成人						

6. 注意事项

① 调试过程中，先外接信号发生器，再内接振荡器。

外接：4093管脚5、6通；

内接：4093管脚5、6不通。

② 画波形时，注意基准线的选定和单位的标注。

③ 调节最高频率为6 000 Hz时，一定要准确（作为基准）。

④ 当所有调试工作完成后，先切断总电源，再整理调试工作台，将仪器仪表归位，整理工具，清洁卫生。

4.4.7 交流电压平均值转换器

1. 实训目的

① 了解新元器件的作用并理解交流电压平均值转换器的工作原理。

② 掌握双踪示波器、双路直流稳压电源、交流毫伏表及信号发生器的配合使用。

③ 掌握交流电压平均值转换器测试电路的组建及调试方法，并记录相关数据和波形。

2. 实训器材

双路直流稳压电源，信号发生器，万用表，交流毫伏表，双踪示波器。

3. 实训内容

（1）原理图

交流电压平均值转换器的原理图如图4.4.19所示。

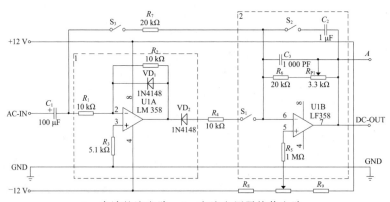

1—半波整流电路；2—交流电压平均值电路。

图4.4.19 交流电压平均值转换器的原理图

（2）线路板图

交流电压平均值转换器的线路板如图 4.4.20 所示。

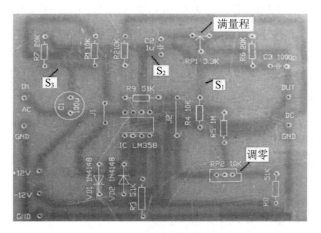

图 4.4.20　交流电压平均值转换器的线路板

（3）接线示意图

交流电压平均值转换器测试电路的接线示意图如图 4.4.21 所示。

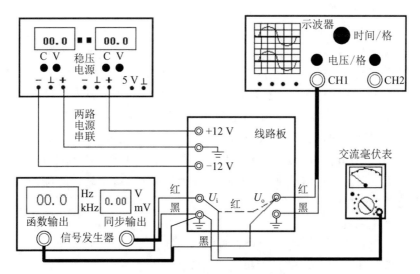

图 4.4.21　交流电压平均值转换器测试电路的接线示意图

(4) 实训要求

① 输出电压调零，要求误差不大于±1个字（万用表2 V挡）。

② 调整满量程电压，在2 V挡测输入1 V、100 Hz信号，要求调到1.000 V±1个字，测量并填表。

③ 测量整流特性：在2 V挡测输入1 V、频率为20 Hz和5 kHz的电压值并计算示值误差，输入100 Hz，20 mV、200 mV、0.5 V、1 V，将测量值及相对示值误差填入表中。

④ 测量交流波形（输入100 Hz、1 V）。

a. 断开 R_7 和 C_2，测 A 点的输出波形，画出波形图。

b. 接上 R_7 再断开 R_4、C_2，测 A 点电压波形，并画出波形图。

c. 接上 R_7 和 R_4，断开 C_2，测 A 点电压波形，并画出波形图。

d. 接上 C_2，再测 A 点电压波形，并画出波形图。

⑤ 仪器使用方法正确，读数正确。

⑥ 问题解答：

a. 全波整流电路的原理及元器件的作用是什么？

b. 常用的交流数字电压表是平均值响应，有效值读数有何优点？

4. 调试步骤

(1) 输出电压调零

输出电压调零，要求误差不大于±1个字（万用表2 V挡测）。

① 检测工作台上的稳压电源、信号发生器和示波器。此电路采用±12 V电压，首先调节稳压电源，使其工作在主从电源跟踪状态。用万用表DC 20 V挡，测量稳压电源主电源的接线柱，同时调节主电源的电压调节旋钮，使万用表读数为12.00 V，此时从电源的输出也是12.00 V。打开示波器并调节，使其工作正常，注意各个旋钮的位置。打开信号发生器，用示波器检查其工作状态，注意各个旋钮的位置。关上电源，连接线路。

② 连接电路。

将交流信号输入端（IN）的两根线短接。

断开处 S_1、S_2、S_3 的两根线两两连接。

③ 调零。打开电源，使用万用表DC 200 mV挡，测量输出端（OUT）的电压。调节电位器 R_{P2}，使万用表读数为0.00±1个字。注意 R_{P2} 易于损坏，调节时应小心，注意观察万用表的读数。调好后记录并填表。

第 4 章 电子设备装接技术

（2）调整满量程电压，测输入信号

调整满量程电压，在 2 V 挡测输入 1 V、100 Hz 信号，要求调到 1.000 V±1 个字，调试并填表。

① 连接电路，输入端（IN）接信号发生器，其余不变。

② 调节满量程电压。调节信号发生器，使其输出幅度为 1 V 频率为 100 Hz 的信号，接入电路的输入端（IN）。可以使用交流毫伏表 3 V 挡（或万用表 AC 2 V 挡），测量信号发生器的输出信号幅度 1 V。使用万用表 DC 2 000 mV 挡，测量电路的输出端（OUT），调节电位器 R_{P1}，使万用表的读数为 1.000 V±1（1 000 mV）个字，将结果填入表中。

（3）测量整流特性

在 2 V 挡测输入 1 V、频率为 20 Hz 和 5 kHz 的电压值并计算示值误差，输入 100 Hz，20 mV、200 mV、0.5 V、1 V，将测量值及相对示值误差填入表中。

① 线性测量，输入 100 Hz，20 mV、200 mV、0.5 V 的信号。电路连接保持不变，调节信号发生器使其输出 100 Hz、0.5 V（用交流毫伏表 1 V 挡测量）的信号，使用万用表 DC 2 000 mV 挡，测量电路的输出电压，大约为 0.5 V（500 mV），记录并填表。用同样的方法，调节信号发生器使其输出 100 Hz、200 mV（用交流毫伏表 300 mV 挡测量）的信号。使用万用表 DC 2 000 mV 挡，测量电路的输出电压，大约为 200 mV，记录并填表。用同样的方法，调节信号发生器使其输出 100 Hz、20 mV（用交流毫伏表 30 mV 挡测量）的信号，使用万用表 DC 200 mV 挡，测量电路的输出电压，大约为 20 mV，记录并填表。

计算相对误差：$相对误差 = \dfrac{测量值 - 实际值}{实际值} \times 100\%$

② 频响测量，输入 1 V，20 Hz 和 5 kHz 的信号。

电路连接不变，调节信号发生器使其输出 1 V（用交流毫伏表 3 V 挡测量）、20 Hz 的信号。使用万用表 DC 2 000 mV 挡，测量电路的输出电压，大约为 1.010 V（1 010 mV），记录并填表。调节信号发生器使其输出 1 V（用交流毫伏表 3 V 挡测量）、5 kHz 的信号。使用万用表 DC 2 000 mV 挡，测量电路的输出电压，大约为 1.060 V（1 060 mV），记录并填表。

计算示值误差：示值误差 = $\dfrac{测量值-实际值}{测量值} \times 100\%$

（4）测量交流波形（输入 100 Hz、1 V）

① A 点的波形即输出端（OUT）的波形。

② 调节信号发生器，使其输出 100 Hz、1 V（用交流毫伏表 3 V 挡测量）的信号，用示波器观测 A 点（输出端 OUT）波形。

断开 R_7 和 C_2（S_1 和 S_2 断开，S_3 连接），测出 A 点的波形，画出波形图。此时波形的频率是 100 Hz，周期是 10 ms，波形的峰-峰值为 2.8 V。

记录坐标：横轴为 2 ms/格（5 格），纵轴为 1 V/格（2.8 格）。

接上 R_7（S_1 连接）再断开 R_4、C_2（S_2 和 S_3 断开），测出 A 点的波形，画出波形图。此时波形的频率是 100 Hz，周期是 10 ms，波形的峰-峰值也是 2.8 V。

记录坐标：横轴为 2 ms/格（5 格），纵轴为 1 V/格（2.8 格）。

接上 R_7 和 R_4（S_1 和 S_3 连接），断开 C_2（S_2 断开），测出 A 点的波形，画出波形图。此时波形的频率是 100 Hz，周期是 10 ms，波形的峰-峰值为 2.8 V。

记录坐标：横轴为 2 ms/格（5 格），纵轴为 1 V/格（2.8 格）。

接上 C_2（S_1、S_2、S_3 全连接），再测出 A 点的波形，画出波形图。实际的波形并不是一条水平直线，有一定的波动，近似为一条直线。

5. 调试报告

将调试过程中测得的数据填入表 4.4.7。

6. 注意事项

① 原理图中开关在调试时一定要可靠地断开或连接。

② 调零或调满量程时一定要精确。

③ 毫伏表在使用过程中，一定要注意先换挡，再连线，然后打开电源。换连接点时，直接移红线或先撤红线，再撤黑线；连接时，先接黑线，再接红线。

④ 示波器应选择合适的挡位，特别是 R_4、R_7、C_2 全接上时测 A 点波形，应选择在 DC 通道。

表 4.4.7　调试数据记录表

输入电压	20 mV	200 mV	0.5 V	1 V	0 V
读　　数					
相对误差					
测量频带两端的示值误差	输入频率	示值误差	输入频率	示值误差	
	20 Hz	%	5 kHz	%	

整流波形图：

1	
2	
3	
4	

问题解答及故障处理情况：

完成人

4.4.8 可编程控制器

1. 实训目的

① 了解新元器件的作用并理解可编程控制器的工作原理。
② 掌握双踪示波器、双路直流稳压电源的正确使用。
③ 掌握可编程控制器测试电路的组建及调试方法,并记录相关数据和波形。

2. 实训器材

双路直流稳压电源,万用表,双踪示波器。

3. 实训内容

(1) 原理图

可编程控制器的原理图如图 4.4.22 所示。

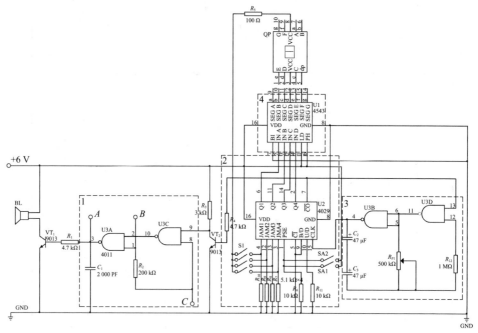

1—音频振荡电路;2—置数/计数电路;3—时钟振荡电路;4—计数译码器。

图 4.4.22 可编程控制器的原理图

(2) 线路板图

可编程控制器的线路板如图 4.4.23 所示。

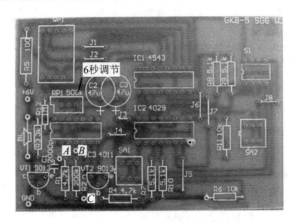

图 4.4.23 可编程控制器的线路板

(3) 接线示意图

可编程控制器测量电路的接线示意图如图 4.4.24 所示。

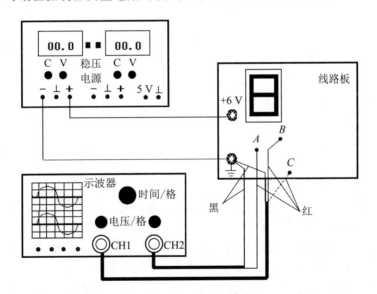

图 4.4.24 可编程控制器测量电路的接线示意图

(4) 实训要求

① 计时、定时、报警功能调试。

② 调整时基振荡器频率（周期）为 1/6 Hz（6 s），记录并填表

（可用秒表测周期）。

③ 检测报警振荡器的频率，记录并填表。

④ 测绘 A、B、C 三点的波形图。

⑤ 仪器使用方法正确，读数正确。

4．调试步骤

（1）计时、定时、报警功能调试正常

① 检测工作台上的稳压电源、示波器。本电路采用 6 V 电压，使用万用表 DC 20 V 挡，测量稳压电源主电源一侧的接线柱（红为"＋"，黑为"－"），同时调节主电源的电压调节旋钮，使万用表读数为 6.00 V。打开示波器并调节，使其工作正常，注意各个旋钮的位置。关上电源，连接线路。

② 计数（0～9 计数）、置数（0～9）和报警功能检查。打开电源，数码管点亮。SA_1 弹起（断开）计数，SA_1 按下（接通）置数；SA_2 弹起（断开）减计数，SA_2 按下（接通）加计数；S_1 四位 8421BCD 码置数拨码开关，往上拨置"1"，往下拨置"0"。可编程控制器电路能置"0～9"十个数字，对应的四位 8421BCD 码如表 4.4.8 所示。

表 4.4.8 四位 8421BCD 码

0	0000
1	0001
2	0011
3	0011
4	0100
5	0101
6	0110
7	0111
8	1000
9	1001

③ 测试方法。由于计数频率不同，数码管的变化有快有慢，测试时需要耐心。计数功能检查加法 0～9 计数，SA_2 按下，SA_1 弹起，可以看到数码管 0～9 变化计数；减法 9～0 计数，SA_2 弹起，SA_1 弹起，可以看到数码管 9～0 变化计数。

置数功能检查：拨动拨码开关（如置数 5，拨码为 0101，即开关上的"2"和"4"往上拨），按下 SA_1，数码管显示所置数字。

报警功能检查：当减法计数到 0 时，计数结束，喇叭报警，或加法计数到 9 时，计数结束，喇叭报警。

功能检查结束，记录并填表。若功能正常，填写正常；若功能不正常，检查电路故障。

注意 不要随意调节电位器 R_{P1}，容易损坏。

（2）调整时基振荡频率

调整时基振荡频率（周期）为 1/6 Hz（6 s），记录并填表（可以用秒表测周期）。

① 使电路处于计数状态，观察数码管变化的频率。

② 用秒表（时钟）记录数码管每个数字跳变的时间，如从"2"跳变到"3"的时间。

③ 调节电位器 R_{P1}，使数字跳变的间隔为 6 s。R_{P1} 顺时针调节，频率变慢，时间变长；R_{P1} 逆时针调节，频率变快，时间变短。

注意 调节 R_{P1} 应小心，容易损坏，每次旋转应小于 5 圈，用秒表计时后再旋转，不能一次旋到底。

④ 调节好频率后检查 1~9 计数，时间应该为 48 s，记录并填表。

（3）测绘 A、B、C 三点的波形图

① 观测 A 点的波形。只有在报警状态才有 A、B、C 三点的波形，首先使电路工作在报警状态，喇叭报警。示波器红色夹子接 A 点，黑色夹子接 GND（R_6 的左端）。可以看到 A 点的波形，此时波形的频率大约为 1.82 kHz，周期大约为 0.55 ms。

记录坐标：横轴为 0.1 ms/格（5.5 格），纵轴为 2 V/格（3 格），其峰-峰值大约为 6 V。

画图记录 A 点的波形，注意坐标保持和示波器上显示的波形一致。

② 观测 B 点的波形。连接电路，可以看到 B 点的波形正好和 A 点的波形相位相反，此时波形频率和幅度都不变，而且都是矩形波。

记录坐标：横轴为 0.1 ms/格（5.5 格），纵轴为 2 V/格（3 格）。

③ 观测 C 点的波形。连接电路，可以看到 C 点的波形为锯齿波，此时波形频率和幅度与 A 点、B 点的相同。

记录坐标：横轴为 0.1 ms/格（5.5 格），纵轴为 2 V/格（3 格）。

A、B、C 三点的波形频率和幅度相同，画图时使用统一坐标，注意 B 点的波形相位和 A、C 点的波形相位相反。

（4）检测报警振荡器的频率

① 上一步中测量的 A、B、C 三点的波形频率就是报警振荡器的频率。

② 选择任一波形，根据其周期计算频率（$f=1/T$）。

③ 报警振荡器频率大约在 1.8 kHz，记录并填表。

5. 调试报告

将调试过程中所测数据填入表 4.4.9。

表 4.4.9 调试数据记录表

项　　目	计时：0.1～0.9 min	定时预置 0.1～0.9 min	报警
功能检查			
时基振荡频率（周期）	Hz（　　s）	报警振荡器频率	kHz
RC 振荡器波形图			
A 点			
B 点			
C 点			
问题解答及故障处理情况：			
完成人			

6. 注意事项

① 调试中注意 SA_1、SA_2 的工作状态，验证线路板的功能。

② 画 C 点波形时，应与 A、B 点的相位对准，并且注意 C 点波形基准线的位置。

第 5 章

SMT 及其应用

5.1 电子工艺简况

随着信息化社会的迅猛发展，电子信息技术的不断升级，电子信息产品趋于微型化、标准化、密度化、精度化，这对于应用型本科院校电子类教学来说，既是机遇又是挑战。而集高密度、高可靠性等特点于一体的 SMT 表面贴装技术（Surface Mounted Technology，简称 SMT）则成为电子工艺实训教学的突破口之一，给电子工艺实训教学提供了新方向。如何在电子工艺实训中引入 SMT 是本章要探索与研究的内容。本章将结合社会发展的现状、电子行业的发展，融合本科四年的专业学习及初入社会的学习经验，对电子工艺实训中 SMT 教学进行系统化的探索与研究。

5.1.1 电子工艺实训的教学现状

电子工艺实训是一门具有很强工艺性、实践性的基础课程，也是当代大学生提高自身工程实践能力和创新能力的重要途径之一，在理工科院校电子类专业实践教学过程中扮演着非常重要的角色。电子工艺实训课程具有内容丰富、实践性强等鲜明特点。实际的电子产品的生产工艺是其实训的基础。电子工艺实训是高等院校培养电子信息类专业复合型人才的一个重要途径，可以提高学生的动手能力，培养出具有较高工程素质的人才。

电子工艺实训课程的主要实践任务是培养学生在电子线路工程设计及实际操作中的基本能力，让学生在高校学习期间就熟悉相关电子元器件、了解电子工艺的常规知识、掌握最基本的装焊操作技能、熟悉电子信息类产品的生产过程，既能促使学生日后在专业的实验、课程的设计等方面有所进步，又能使学生解决实际问题的能力得以提高，从而使学生形成自我创新意识和严谨的工作作风。

目前，高校在理工科类专业教学过程中已经越来越注重电子工艺实训的教学，各类高等院校也都在不断发展新兴的电子类实训中心，因此一大批先进的生产制造仪器设备被引进实训室，科学先进、高精尖端、创新创意已经渐渐成为这些实训中心的代名词。随着电子信息应用领域的发展革新，各行各业需要的人才不仅要掌握本专业相关知识，还要掌握一些实际操作技能。经过几年发展，各类实训中心的硬件设施虽然各有特色，但是在配套进行的教学改革、运行机制的构建过程中，建设者的思路却是相似的，重点都放在"理论结合实践""创新性实践训练"等一些较为普遍的教学改革上。这些对学生在本专业的基础训练与技能培养方面固然都有着巨大的促进作用，但由于高校教学条件的限制，在课程设置、教材选用、教学方式方法等方面均存在滞后于社会经济技术发展的情况，并存在或多或少的局限性。例如，当今高等院校中电子工艺实训的焊接部分主要还是针对分立元器件，很少涉及 SMT 表面贴装元器件的焊接，与社会发展严重脱节。

随着电子信息技术应用领域的不断升级革新，学生不但需要掌握自己本专业的相关知识，还需要顺应企业发展，所学内容必须贴近企业生产实际。因此，新的设备、新的工艺、新的方法尤为重要。着眼于社会发展现状，学生应具备分析问题和解决问题的基本能力，特别是就业后解决实际问题的能力。

5.1.2 SMT 简介

SMT 在当今的电子信息技术组装行业里，可谓是一门相当热门、流行的重要技术和工艺。在电子信息制造业蓬勃发展的今天，SMT 遍布社会各行各业，它是一种将传统的分立式电子元器件有效地压缩成体积甚小的无引线或短引线片状器件的技术。SMT 的蓬勃发展和快速普及，在某种意义上革新了我们一直以来对传统类型的电子电路组装的概念，为现代电子信息类产品的小型化、轻便化创造了最基础的条件。同样成为现代电子信息类产品制造过程中不可或缺的重要技能之一。通过 SMT 贴装出来的相关电子信息类产品，其密度较传统的高出很多，体积也变得更小，可靠程度反而更高，抗震能力也不断增强，高频特性更好。除此之外，这类产品焊点相当精密，缺陷程度也相对较低。在运用 SMT 制造生产的过程中，贴片所用到的元器件的质量和体积都很小，大概都只是传统制作过程中插装式元器件质量和体积的十分之一。在运用 SMT 制造生产之后，整个过程制造生产出来的电子信息类产品的体积整体缩小为原来的 $40\%\sim60\%$，重量也减轻为原来的 $20\%\sim40\%$。同时，运用 SMT 制造生产时更易于实现电子信息类产品的自动化功能，易于提高先进的电子信息类制造业的生产效率。除此之外，其成本也大大降低，只有原来成本的 $30\%\sim50\%$，可谓是节约了能源、原材料、仪器设备、时间精力等。

5.1.3 SMT 的发展趋势

在经济迅猛发展的今天，电子产品的制造业不断扩大升级，促进了电子行业蓬勃发展，逐渐成为国民经济的支柱产业。我国电子信息类产品制造业的增长速度每年都达 20% 以上，规模也在不断扩大。在 2004 年之后，连续三年均居世界第 2 位。我国电子信息产业蓬勃发展最为显著的是 SMT 生产线也得到了飞速发展。SMT 生产线中最为重要的仪器设备（SMT 贴片机）在我国的占有率也已经名列世界前位。

企业和社会对高等院校毕业生的相关专业技能要求也越来越高。SMT 是未来电子发展领域里必需和最基础的技术，也是更能适应电子产品消费市场快速变化的巨大需求的技术。

5.2 电子工艺实训中 SMT 的重要性分析

5.2.1 SMT 的应用领域及电子行业发展现状

电子信息类产品的小型化、轻便化、集成化是现代电子信息技术革命的主要标志，亦是未来发展的基本方向。高性能、高可靠性、高集成、小型化、轻量化的电子信息产品，正在不断影响我们的生活，并促进人类文明的进程，而这一切都将促使电子元器件组装工艺的革新。SMT 是实现电子信息类产品微型化和集成化的关键，是当前电子产品组装行业里最热门的核心技术和重要工艺。SMT 在计算机、通信设备等几乎所有电子信息类产品生产中都得到了较为广泛的运用。在日益追求高密度、高精度、高性能电子产品的今天，SMT 无疑做出了巨大的贡献。先进的电子产品均早已普遍采用 SMT。不仅如此，SMT 的应用领域还在不断扩大，已经深入各行各业。随着时间的推移，SMT 将越来越普遍，电子行业的发展也将不断升级。

5.2.2 SMT 的调研分析结论

为更加深入地了解目前电子类专业毕业生的就业状况，以及更真实、更具体地分析电子类企业的人才需求等，可通过走访相关电子信息类企业了解［如艾尼克斯电子（苏州）有限公司、达富电脑（常熟）有限公司等］。本次共计走访了 21 家常熟地区电子类企业，从这 21 家电子制造企业现阶段在生产电子产品过程中焊接组装技术的详细情况了解到，电子信息类产品主要分三个级别：普通类电子产品、专用服务类电子产品、高性能电子产品。而在这些电子产品制造过程中主要运用两类元器件焊接技术，一种是通过 SMT 贴装元器件，另一种是通过手插件波峰焊技术焊接元器件。绝大部分电子制造型企业采用 SMT 与手插件波峰焊技术相结合的生产车间，换言之，SMT 在绝大部分电子产品中均有应用。具体分析结果如表 5.2.1 所示。

表 5.2.1　样本电子企业中 SMT 与手插件波峰焊的比例分布

项目	仅 SMT	仅手插件波峰焊技术	SMT 与手插件波峰焊技术两者结合
样本数	1	1	19
样本比例	4.76%	4.76%	90.48%

总的来说，几乎所有电子制造型企业已普及 SMT，SMT 在电子制造业已经扮演了一个无可替代的角色。从电子类专业毕业生的就业情况来看，绝大部分从事电子行业工作的学生在工作前对 SMT 的了解甚少（表 5.2.2），而由于工作需要，工作后对 SMT 的了解十分深入。同时绝大部分被调查者认为大学期间引入 SMT 很有必要，普遍认为在校期间的实践教学对工作后的上手速度有着不可忽视的影响。经过走访调查得出一个分析结果：电子工艺实训中引入 SMT 教学是很有必要的。

表 5.2.2　电子类专业毕业生对 SMT 的了解状况问卷调查有效分析表

项目	工作前			工作后		
	知道	熟悉	精通	知道	熟悉	精通
样本数	17	1	0	58	58	48
样本比例	29.31%	1.72%	0	100%	100%	82.76%

注：有效样本数 58。

5.3 SMT实训基本要素

5.3.1 指导思想

SMT将过于烦琐的工艺过程简单化、便捷化，高端设备表面化。学生应掌握SMT最基本的工业化操作，适应企业的发展需求。在学校学习期间，学生可动手实践，完成具有代表性的实用电子小产品的制作［如微型FM（电调谐）收音机］。

5.3.2 SMT实验产品

本次SMT实验产品采用的是微型FM（电调谐）收音机。

1. 产品特点

微型FM（电调谐）收音机选用了电调谐的单片机作为FM收音机的主要集成电路，调谐便利、准确。其接收频率为87～108 MHz，接收灵敏度高。电源电压范围为1.8～3.5 V，充电电池（1.2 V）和一次性电池（1.5V）都可以用于微型FM（电调谐）收音机正常工作。内部装有静噪电路结构，抑制了调谐过程中可能产生的噪音。同时，它还有着小巧的外观，随身携带方便。本产品结合SMT贴片和THT插件，既含传统工艺模式，又引入了SMT创新技术，是电子工艺实训中实训产品的首选。

2. 产品工作原理

微型FM（电调谐）收音机以单片机收音机集成电路SC1088作为其核心电路。它选用的是一种特别的低中频（70 kHz）技术，在外围电路中，中频变压器和陶瓷滤波器也都被省略了。其电路简单，方便可靠，调试便利。核心集成电路SC1088采用的封装是SOT16。其电路原理图如图5.3.1所示，其引脚功能如表5.3.1所示，收音机装置图如图5.3.2所示。

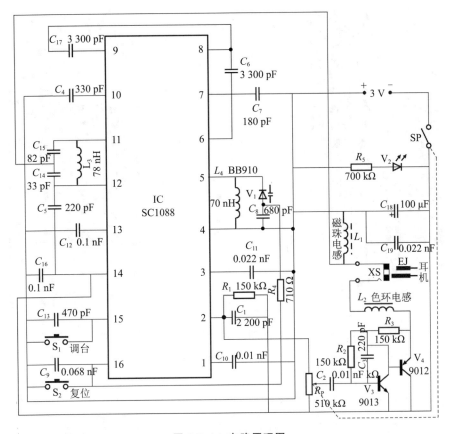

图 5.3.1 电路原理图

表 5.3.1 集成电路 SC1088 的引脚功能

引脚	功能	引脚	功能
1	静噪输出	9	IF 输入
2	音频输出	10	IF 限幅放大器的低通电容器
3	AF 环路滤波	11	射频信号输入
4	V_{CC}	12	射频信号输入
5	本振调谐回路	13	限幅器失调电压电容
6	IF 反馈	14	接地
7	1 dB 放大器的低通电容器	15	全通滤波电容搜索调谐输入
8	IF 输出	16	电调幅 AFC 输出

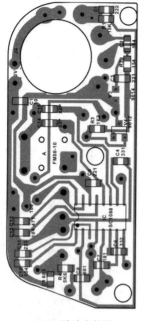 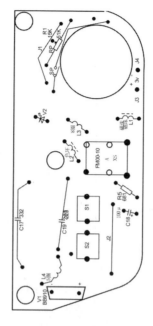 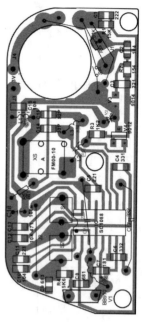

(a) SMT贴片安装图　　　(b) THT插件安装图　　　(c) SMT、THT综合安装图

图 5.3.2　收音机装置图

5.3.3　SMT 实训操作

SMT 是一项工艺相对复杂的系统工程，主要包含贴片元器件、组装基板、组装原材料、SMT 组装、SMT 检测、组装和检测的仪器设备、控制和管理等技术。其技术应用范畴涉及诸多学科，本次实验是通过 SMT 制作微型 FM 收音机。

微型 FM 收音机的制作是利用 SMT 和 THT 插件来完成的。实验制作工艺流程如图 5.3.3 所示，实验器材及操作如图 5.3.4 所示，实验成品图如图 5.3.5 所示。

第 5 章　SMT 及其应用

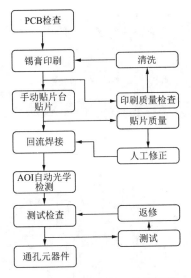

图 5.3.3　实验制作工艺流程图

(a) 锡膏印刷机

(b) SPI 自动光学检测仪

(c) 手动贴片台贴片

(d) 过回流炉回流焊接

图 5.3.4　实验器材及操作

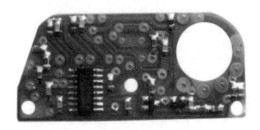

(a) 贴片成品

(b) THT成品

(c) 实验成品

图 5.3.5　实验成品图

5.4　SMT 教学模块简介

5.4.1　SMT 实训内容

1. SMT 实训目的与意义

自 21 世纪以来，电子信息产品制造业蓬勃发展，以 SMT 为标志的微型化、精密智能化的电子组装技术得到了快速发展，相关企业对专业人才技能的需求也不断调整。SMT是一门包含了元器件、原材料、仪器设备、操作工艺和表面组装电路的基板设计与制造的系统性的综合技术。该技术是第四代组装方法，突破了传统印制电路板印制过程采用的通孔基板插装元器件的方式。SMT是目前最流行的电子信息类产品更新换代的新概念，也是实现电子信息类产品轻薄、短小、多功能化、可靠性高、质量优质、成本低下的重要手段之一。SMT是一个重要的基础性产业，其追求先进性，强调实用性，保持统一性与多样性。目前电子工艺实训的人才培养模式，在现行的电子信息行业发展体制下已不适用，对下游应用型制造业的大发展造成了较为不利的影响，也会切实引起学生就业与企业招聘人才之间的尖锐矛盾。为紧跟时代发展步调，满足企业生产实际需求，根据电子信息技术和经济社会的不断发展，面向基层群众，培养出具备现代化技术与管理知识的应用型工程技术人才，通过SMT的理论学习及技术应用实践的学习，学生职业能力和职业素质可得到较大提高，能适应企业岗位的要求。

2. SMT 的主要内容

SMT工艺实训环节主要包括元器件、基板、材料、工艺方法、设计、测试等内容，如图5.4.1所示。

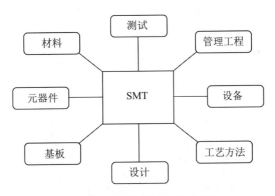

图 5.4.1　SMT 的基本组成部分

3. SMT 实训场地及器材

本次实训以常熟理工学院实训中心为主要实训场地。本次实训所需器材如下：

① 焊膏印刷机（全班共用）。
② SPI 自动光学检测仪（全班共用）。

③ 手动贴片台（两人一组，分批使用）。

④ 点胶机（两人一组共同使用）。

⑤ 回流焊接炉。

⑥ 检测仪器（如万用表等）。

⑦ 放大镜台灯（两人一组共同使用）。

⑧ 元件盘、镊子等。

⑨ 防静电手套。

⑩ 实训产品［建议以 FM（电调谐）收音机为主要实训产品］。

4. SMT 实训工艺流程

SMT 实训工艺流程如图 5.4.2 所示。

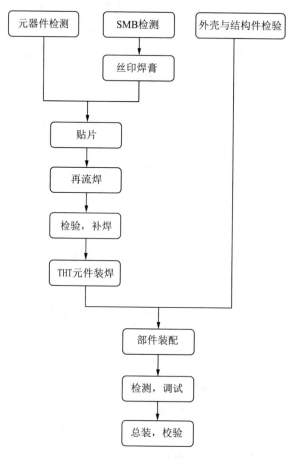

图 5.4.2　SMT 实训工艺流程

5. SMT 实训步骤

（1）元器件清点检查

① 检查印制板是否完整。

② 检查结构件的品种、规格、数量。

③ 检测 THT 组件是否有损坏。

（2）焊膏印刷

① 选用正确的刮刀、锡膏。

② 检查印刷丝网是否正确。

③ 检查丝网印刷机工作是否正常。

④ 正常焊膏印刷。

（3）SPI 自动光学检测

① 打开自动光学检测仪。

② 调好检测程序。

③ 将焊膏印刷后的 PCB 板传送到自动光学检测仪中进行锡膏检测。

（4）手动贴片台贴片

① 将焊膏印刷后的 PCB 安装到工装上。

② 将贴片元器件送至指定位置。

③ 设定贴片位置。

④ 正确贴片。

⑤ 完成贴片。

（5）回流焊接

① 调整回流炉的进板宽度。

② 设定好回流炉各温区（预热区、保温区、回流区、冷却区）。

③ 将贴片完成后的 PCB 板送至指定位置，进入回流炉回流焊接。

（6）AOI 检测

针对回流焊接后的 PCB 进行焊接质量判定。

（7）THT 组装

① 在 SMT 贴片完成后，进行 THT 元器件检测。

② 对 THT 元器件进行组装。

（8）整机调试组装

① 完成其他零件的组装。

② 针对组装后的产品进行整机调试。

(9) 完成实验

实验完成后关闭电源,整理现场。

5.4.2　SMT 实训要求

SMT 实训要求如下:

① 掌握 SMT 元器件的分类。

② 了解 SMT 的特点。

③ 掌握 SMT 印制板设计与制作技术。

④ 学习 SMT 实训工艺流程,掌握 SMT 的基本工艺过程。

⑤ 掌握 SMT 中最基本的操作技能。

⑥ 掌握电子产品的电子电路系统的原理、检测调试方法。

⑦ 初步了解电子产品的检测调试方法,学会识读产品图纸、电路图等文档。

⑧ 独立分析并解决实验过程中出现的问题。

⑨ 从实验目的、原理、步骤、数据分析、实验总结等方面完成规范的实验报告。

5.4.3　SMT 生产要素

SMT 生产要素如下:

① 根据 SMT 生产要求进行编程。

② SMT 检取的位置:供料器的形式、位置及元器件的封装。

③ SMT 贴片机对中处理:机械对中、光学对中、飞行对中。

④ SMT 贴片位置:以 MARK 点为基准点,根据 X、Y、θ、原点坐标进行贴片位置的定位。

⑤ SMT 贴片吸嘴(吸嘴的型号、位置)。

⑥ 贴片头吸嘴与基板的高度。

⑦ 基板的平整度、基板的支撑。

⑧ 贴片准确性:根据 IPC 标准进行。

5.4.4　SMT 实训学时安排

结合本科电子类专业的教学情况,进行实验过程分析。SMT 实训教学相关实训内容及学时安排如表 5.4.1 所示。

表 5.4.1 SMT 实训内容及学时安排

实训内容	地点	学时数
实训动员、安全教育	电子电工理论实训室	2 学时
SMT 理论知识讲解及防静电知识	电子电工理论实训室	8 学时
电子产品的制作工艺流程简介	SMT 实训室	4 学时
实训产品原理及结构介绍	电子电工理论实训室	6 学时
元器件识别与检测	SMT 实训室	4 学时
SMT 工艺培训	SMT 实训室	8 学时
SMT 设备操作	SMT 实训室	6 学时
根据 SMT 工艺流程完成实训产品（FM 收音机）的 SMT 部分	SMT 实训室	12 学时
完成实习产品的 THT 插件组装部分	电子工艺实训室	6 学时
整机调试与总装	电子工艺实训室	6 学时
验收考核	电子工艺实训室	4 学时
总计		66 学时

5.4.5 SMT 实训模式及考核办法

本课程主要采用传统的理论教学与实践操作相结合的教学手段，学生完成理论学习、实践操作后，进行实训产品功能调试，并完成实训报告。

本课程的学生综合成绩由平时出勤成绩、理论考核成绩、实践操作成绩、实训产品调试考核成绩四部分组成。其中，平时出勤成绩占 10%，理论考核成绩占 20%，实践操作成绩占 50%，实训产品调试考核成绩占 20%。

整机实物考核参考国家电子装配工中级考核标准进行。

参考文献

[1] 鲍洁秋. 电工实训教程 [M]. 北京：中国电力出版社，2015.

[2] 夏菽兰，施敏敏，曹啸敏，等. 电工实训教程 [M]. 北京：人民邮电出版社，2014.

[3] 顾江. 电子设计与制造实训教程 [M]. 西安：西安电子科技大学出版社，2016.

[4] 章小宝，夏小勤，胡荣. 电工与电子技术实验教程 [M]. 重庆：重庆大学出版社，2016.

[5] 祝燎. 电工学实验指导教程 [M]. 天津：天津大学出版社，2016.

[6] 高有华，袁宏. 电工技术 [M]. 3版. 北京：机械工业出版社，2016.

[7] 毕淑娥. 电工与电子技术 [M]. 北京：电子工业出版社，2016.

[8] 徐英鸽. 电工电子技术课程设计 [M]. 西安：西安电子科技大学出版社，2015.

[9] 穆克. 电工与电子技术学习指导 [M]. 北京：化学工业出版社，2016.

[10] 李光. 电工电子学 [M]. 北京：北京交通大学出版社，2015.

[11] 郑先锋，王小宇. 电工技能与实训 [M]. 北京：机械工业出版社，2015.

[12] 顾涵. 电工电子技能实训教程 [M]. 西安：西安电子科技大学出版社，2017.